U0283913

软装色彩搭配
实战教程

锦木老师　编著

江苏凤凰科学技术出版社
南京

图书在版编目（CIP）数据

软装色彩搭配：实战教程 / 锦木老师编著. — 南京：江苏凤凰科学技术出版社，2021.5（2022.11重印）

ISBN 978-7-5713-1827-7

Ⅰ.①软… Ⅱ.①锦… Ⅲ.①住宅－室内装饰设计－配色－教材 Ⅳ.①TU238.2

中国版本图书馆CIP数据核字(2021)第049700号

软装色彩搭配：实战教程

编　　　著	锦木老师
项 目 策 划	凤凰空间 / 杨锋
责 任 编 辑	赵研　刘屹立
特 约 编 辑	张爱萍

出 版 发 行	江苏凤凰科学技术出版社
出版社地址	南京市湖南路1号A楼，邮编：210009
出版社网址	http://www.pspress.cn
总 经 销	天津凤凰空间文化传媒有限公司
总经销网址	http://www.ifengspace.cn
印　　　刷	北京博海升彩色印刷有限公司

开　　　本	889mm×1194 mm 1 / 32
印　　　张	7
字　　　数	182 000
版　　　次	2021年5月第1版
印　　　次	2022年11月第2次印刷

标 准 书 号	ISBN　978-7-5713-1827-7
定　　　价	198.00元（精）

图书如有印装质量问题，可随时向销售部调换（电话：022-87893668）。

■ 前言

我从20世纪90年代开始从事家居设计工作。近10年来，软装行业兴起，因为公司发展的需要我参加了很多软装培训班，发现很多培训机构的老师讲的都是空洞的理论，没有多少实战依据，对于上课的人根本没有什么帮助。

于是，我多了一份思考：自己在这个行业耕耘了20多年，是否可以转型做设计类的培训？理由很简单，我有实战经验，加上我多年对色彩的挚爱，我讲软装色彩的话，相信一定可以帮到那些渴望成长的设计师。

2016年是中国开启线上软装课的元年，我尝试整理了多年的家居设计经验，结合各种色彩学科，研发出了"CMM"色彩营销体系，用半年时间打磨线上课程。课程一经推出，很多同学都说这个课程有理论有实践，非常实用，这些反馈给了我足够的信心。在犹豫了一年后，我转让了自己苦心经营10多年的装饰公司，踏上了软装色彩教育之路。

2017年我正式入驻深圳艺展中心，成立佰艺色彩学院，开启了全国的巡回授课，泛家居领域家装、软装、门店的大批设计师成为我的学员。在课堂上，我发现很多设计高手的作品很棒，但对于色彩的应用大多凭感觉，来上课的目的就是为了弄清楚其作品色彩搭配为什么好看，背后的逻辑是什么。更多的学员来上课的原因是面对客户时不知道说什么，总是词穷，对于空间设计、色彩等都无法掌控，很难把握当下用户的需求，对色彩搭配感到无从下手，导致签单很困难。

配色是设计师的一个基本能力，而色彩虽是基础学科，但色彩知识体系复杂，真正掌握配色能力需要一个漫长的过程，这些都增加了色彩搭配的学习难度。

为了解决这些问题，我将多年进行授课的经验和实战经验相结合，推出了这本《软装色彩搭配实战教程》，这在很大程度上简化了学习难度，本书可以在软装设计过程中起到指导作用，让学习者从理论中解脱出来，重建配色思考方向，以配色为目的，快速实现从普通设计者到成为配色高手的飞跃。

锦木写于深圳

本书的使用方法

任何一个学科的学习都要经历三个步骤，那就是从知道到练习，再到实践的过程。本书针对每章学习内容都附有练习(全书最后)，也就是先掌握理论知识，再完成平面的作业设计，最后才是空间的落地实践。在以往的授课经验中这个学习方法最高效。

本书共分四章，按照作业的数量，每天一小步，循序渐进，建议18天左右完成，每次作业练习后尝试能背诵下来，讲给身边的人听，不断修正的分享过程就是最好的学习。

本书常用10色相的表示方法

洋红 (M)	绿色 (G)
红色 (R)	蓝绿 (BG)
橙色 (O)	青色 (C)
黄色 (Y)	蓝色 (B)
黄绿 (YG)	紫色 (P)

　　本书色彩数值以印刷色CMYK标注，右图20色相的CMYK值见第15页。

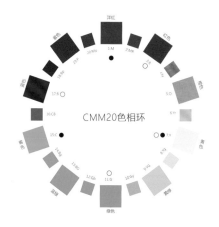

色调的表示方法

　　无彩色分为黑、白、灰三种色调。

　　所有色彩分为：鲜艳、清亮、鲜浊、浑浊、浓郁五个大区。

　　每个色相分为14个色调（除去色相原色）分别为：华丽、强劲、鲜明、自在、清爽、轻柔、淡雅、苦涩、严肃、温和、暗浊、浓郁、稳重、坚实，配色时要注意其相互关系。

　　无彩色和有彩色共计151个色调，总表见本书第34页。

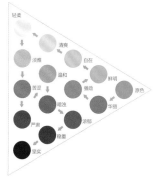

色调略码

鲜艳的色调

华丽 (G, gorgeous)
强劲 (M, mighty)
鲜明 (D, distinct)

浑浊的色调

淡雅 (P, pale)
苦涩 (B, bitter)
严肃 (S, serious)

鲜浊的色调

温和 (MD, mild)
暗浊 (T, turbid)

无彩色色调

无彩 (N, neutral)

清亮的色调

自在 (F, free)
清爽 (C, clear)
轻柔 (L, light)

浓郁的色调

浓郁 (TK, thick)
稳重 (H, heavy)
坚实 (SD, solid)

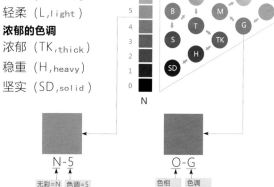

目录

第一章 色彩基础

第二章 配色法则

第四章 打动人心的配色

配色训练

第一章
色彩基础

无彩色家族
有彩色家族
色彩的空间结构
空间印象五大结构型
空间情绪
色彩冷暖

第一节 无彩色家族

世界上的色彩无穷无尽，为了便于学习，我们通常把色彩分为无彩色和有彩色两大类。

有彩色本身的明暗变化通常由无彩色的对比层级来决定，空间表达离不开黑、白、灰的关系对比，所以在配色时无彩色是最常用的颜色，几乎所有配色都离不开无彩色。

在无彩色的色域里，灰色的色域数量明显大于黑色和白色，在室内空间中运用更为广泛。

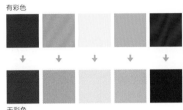

有彩色

无彩色

有彩色去色后变成无彩色，很显然它们脱去华丽的外衣后明暗关系变化巨大，黄色最明亮，红、蓝最暗，这些是我们练习配色时需要明了的，不能单单停留在色彩的本身

一、没有生命的无彩色

纯正的无彩色CMYK数值只有K值从0~100的变化，其他数值为0。这时候我们获得的无彩色是没有生命力的，用于配色肯定乏味而单调，没有生机，它们只能靠周边色彩的颜色获得全新的生命。

没有生命的无彩色

白色————————————————→黑色
C:0;M:0;Y:0;K:0　　　　　　　C:0;M:0;Y:0;K:100

二、有生命的无彩色

在空间配色时，没有生命的无彩色经过刻意"调和"后，偏暖的无彩色在暖色空间更容易协调，偏冷的无彩色在冷色空间更容易协调，这些经过调和的色彩就是有生命的无彩色。

有生命的无彩色

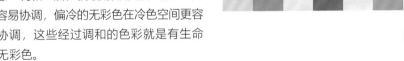

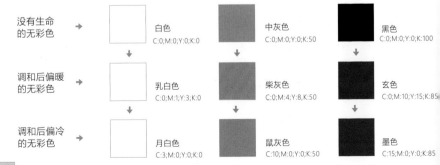

没有生命的无彩色 → 白色 C:0;M:0;Y:0;K:0　　中灰色 C:0;M:0;Y:0;K:50　　黑色 C:0;M:0;Y:0;K:100

调和后偏暖的无彩色 → 乳白色 C:0;M:1;Y:3;K:0　　柴灰色 C:0;M:4;Y:8;K:50　　玄色 C:0;M:10;Y:15;K:85

调和后偏冷的无彩色 → 月白色 C:3;M:0;Y:0;K:0　　鼠灰色 C:10;M:0;Y:0;K:50　　墨色 C:15;M:0;Y:0;K:85

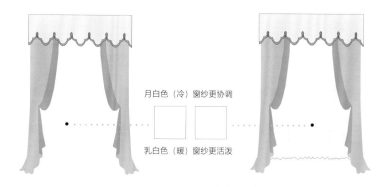

月白色（冷）窗纱更协调

乳白色（暖）窗纱更活泼

白色使用案例：当原空间的窗帘色调
偏冷时，选用偏冷色的窗纱会更舒适

三、无彩色的功能

　　白色和黑色是无彩色的两极，与所有色彩都能形成强烈对比，是对配色很有帮助的万能的基础色。

　　同样大小的黑白色块，黑色块放在白底上，白色块放在黑底上，白色看上去会比黑色大一些，白色膨胀，黑色则收缩。

　　同样大小的中灰色在白底上显得暗，在黑底上显得亮一些。

　　黄色在白色底上会看上去更温暖一些，在黑色底上则显得更加明亮且略带寒冷之感。

　　同理，蓝色、绿色、红色、紫色等色彩遇见黑色色温都会改变，白色的特点是能还原色彩的原有相貌，而黑色却有超级美化的功能。

　　那么灰色对于有彩色而言会有怎样的影响呢？我们通过黑、白、灰与有彩色的对比，来寻找答案。

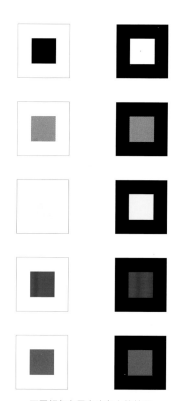

不同颜色在黑白底色上的效果

黑色会让有彩组合更加团结、坚实，将黑色抱枕放到沙发上，让沙发显得更有力量，能增加稳重之感。

白色会让有彩色组合看起来更鲜艳、明朗。比如，白色抱枕会让沙发显得通透和明亮，因此白色有点亮空间和还原色彩属性的功能。

灰色会降低、调和有彩色组合的色值，使其变得低调内敛。灰色抱枕让沙发的整体色温感觉降低，色彩更稳定柔和。

四、灰色是一把双刃剑

　　灰色本身并不特别引人注目，但它却是设计师作品中的宠儿，不管是富人们纸醉金迷的花花世界，还是诗人们岁月静好的咖啡厅，古往今来的艺术时空隧道里都有灰色的身影。

　　究其原因，灰色本身没有什么特别之处，必须与空间中的其他色彩搭配以获得全新的生命，但它会降低空间色彩的彩度。可见灰色出现时是为了给其他颜色做彩度的减法，让色彩群化关系变得柔和、协调、稳定，这个过程使灰色变成了另外一种无形的力量。

　　当你的目光被高彩度的色彩吸引时，灰色就像一个影子，紧紧跟随着你，化解着一个个空间配色的矛盾，你很难注意到，但又离不开它。

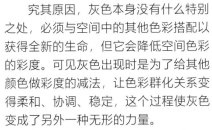

灰色背景让空间变得稳定、柔和

黑白背景让空间变得坚实、通透

中灰色与蓝色搭配，灰色的色温显得偏暖；与橙色搭配，灰色的色温则显得偏冷。因为高彩度的色彩在视觉上会产生补色，在配色时，对小面积的无彩色要注意这个细微变化，可以观察同一个灰色在三对补色中的对比变化。

灰色在不同颜色背景下的效果

黑色在红色高彩色域里显得模糊，这是红色在补色作用下的结果，如果在红色块里加入其补色，黑色会显得清晰。黄色中的灰色有紫的倾向，是因为补色残像的原因，加入黄色的补色可使其变清晰。（视觉残像见第118页）

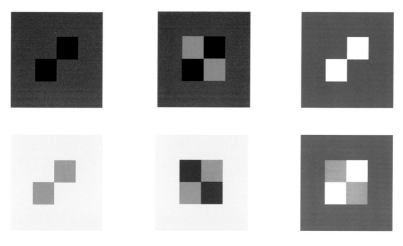

不同颜色搭配的效果

五、无彩色在空间中扮演的角色

配色时，如果找不到好的搭配方法，可以用无彩色，因为它们扮演着常用色、协调色、中性色、平衡色等角色，在配色中具有举足轻重的作用。

所以我们也可以把无彩色称为万能基础色、百搭色。不管怎样，只要不影响空间配色的目的，可大胆使用无彩色。仔细观察下面的两组配色，在其中要找到正确的答案。

错误配色
色彩信息过多，让空间显得杂乱

正确配色
使用黑、白、灰让空间秩序清晰明了

错误配色
在蓝橙补色搭配中不合理使用无彩色，会让空间显得沉闷、拘谨、不自然

正确配色
在蓝橙补色搭配中合理使用平衡色，会让有彩色鲜艳饱满，更容易突出主题

第二节　有彩色家族

除了无彩以外的所有色彩都属于有彩色，比如：红色、黄色、绿色等。按照彩度（饱和程度、纯度）的不同，有彩色又可以分为高彩度、中彩度、低彩度的色彩。

右图为CMM20色相环，其中包含20个色彩家族，代表了所有有彩色家族，以印刷色CMYK中的青色（C）、洋红（M）、黄色（Y）为基础演化而来。这些有彩色家族的代表都是彩度最高的色彩。

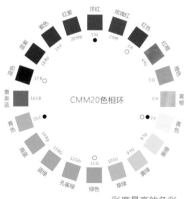

CMM20色相环

彩度最高的色彩

1-M洋红色

C:0; M:100; Y:0; K:0

2-MR玫瑰红色

C:0; M:100; Y:50; K:0

3-R红色

C:0; M:100; Y:100; K:0

4-Ry红橙色

C:0; M:75; Y:100; K:0

5-O橙色

C:0; M:50; Y:100; K:0

6-Yr黄橙色

C:0; M:25;Y:100; K:0

7-Y黄色

C:0; M:0; Y:100; K:0

8-Yg果绿色

C:25; M:0; Y:100; K:0

9-YG黄绿色

C:50; M:0; Y:100; K:0

10-Gy草绿色

C:75; M:0; Y:100; K:0

11-G绿色

C:100; M:0; Y:100; K:0

12-Gb孔雀绿

C:100; M:0; Y:75; K:0

13-BG蓝绿色

C:100; M:0; Y:50; K:0

14-Bg海蓝色

C:100; M:0; Y:25; K:0

15-C青色

C:100; M:0; Y:0; K:0

16-CB景泰蓝

C:100; M:50; Y:0; K:0

17-B蓝色

C:100; M:100; Y:0; K:0

18-Bp蓝紫色

C:75; M:100; Y:0; K:0

19-p紫色

C:50; M:100; Y:0; K:0

20-Mp红紫色

C:25; M:100; Y:0; K:0

CMM20色相数值标注

一、彩度

配色目的不同，其使用色彩的彩度也不同，高彩度的色彩夸张、刺激、活泼、灵魂感强；中彩度的色彩表现力适中；低彩度的色彩则温和内敛。

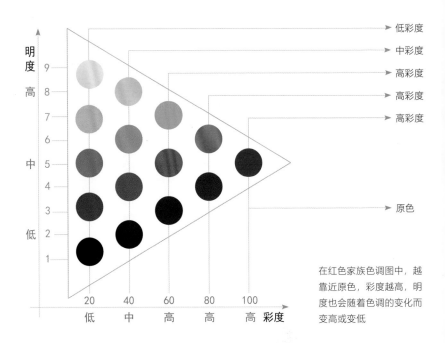

在红色家族色调图中，越靠近原色，彩度越高，明度也会随着色调的变化而变高或变低

二、高彩度色

色彩饱和度在50%~100%之间变化的色彩为高彩度色。（色调演化见第31页）

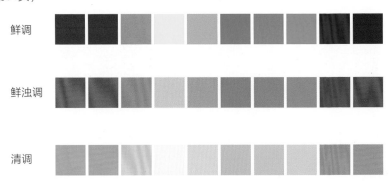

高彩度色搭配案例

在蓝橙搭配中，使用高彩度统调法，对比强烈，会让空间看上去更有活力；使用突显法具有强烈的表现感和聚焦感。（统调法则见第63页，突显法则见第90页）

统调法配色

突显法配色

三、中彩度色

色彩饱和度在20%~50%之间变化的色彩为中彩度色。(色调演化见第31页)中彩度色适合温和、明快的空间。

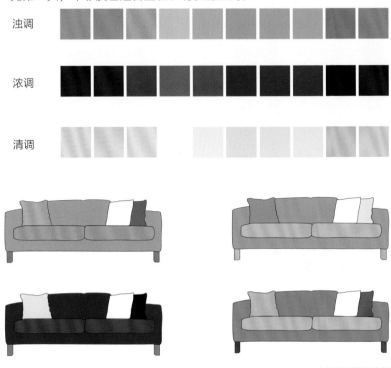

浊调

浓调

清调

中彩度色搭配案例

四、低彩度色

色彩饱和度在5%~20%之间变化的色彩为低彩度色。低彩度色适合表达低调、内敛的情绪,多作为基础色。

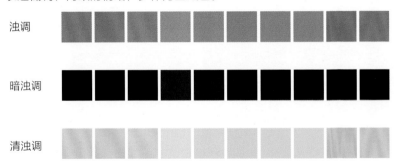

浊调

暗浊调

清浊调

低彩度色搭配案例（图片来自设计师丁卫东）

第三节 色彩的空间结构

色彩空间结构就是指色彩明度关系，通常分为色彩单体和空间两部分结构。对于配色而言，明度结构决定空间的明暗层级等。

一、色彩单体结构

任何一个物体在视觉上都有明暗程度的不同。我们通常可以把色彩明度分成 11个层级（见下图），白色最亮，黑色最暗，灰色是渐变的色域。无彩色的明度很容易分辨，而有彩色的明度分辨起来难度就大一些。

下图单椅沙发色彩不同，明度关系也不同，在视觉上就有了心理上的轻重之感，在配色时可以按照其轻重感，放到相应的空间层级里。（轻重平衡法则见第83页）

CMM10色相环

有彩家族代表
明度结构对比

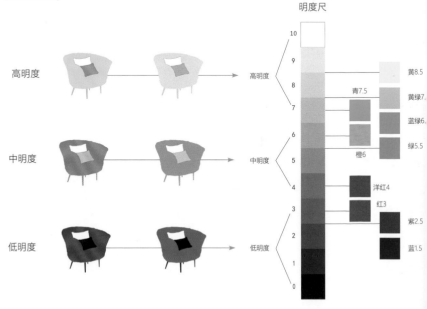

明度尺

高明度 ⟶ 高明度

中明度 ⟶ 中明度

低明度 ⟶ 低明度

黄8.5
黄绿7.
蓝绿6.
绿5.5
青7.5
橙6
洋红4
红3
紫2.5
蓝1.5

当一个色彩家族的色调随着彩度和明度而改变，其配色除了要考虑自身结构特征外，还要结合它与其他彩度的对比关系。

变亮 ← 加白 红色 加黑 → 变暗

高明度　　　中明度　　　低明度

二、空间九大结构

一般空间会有六个围合面，大体分为顶面、墙面、地面三个大面，其用色称为背景色，围绕这三个面展开配色的软装产品称为前景色。背景色和前景色同时出现在你眼前时，大致会分为短调、中调、长调三种结构层级关系，可根据配色目的，来选择配色的结构。（右图）

1.短调配色结构

统一使用明度相近的色彩，明暗差异小，层级变化就少。

按照明度高低短调配色又可以分为以高明度为主的高短调配色、以中明度为主的中短调配色、以低明度为主的低短调配色。

（1）以高明度为主的高短调配色，给人以轻柔、模糊、浪漫、唯美之感。

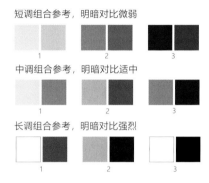

短调组合参考，明暗对比微弱

1　　　2　　　3

中调组合参考，明暗对比适中

1　　　2　　　3

长调组合参考，明暗对比强烈

1　　　2　　　3

明度结构参考

配色参考案例

可爱的　M-C　N-10　BG-L

清澈的　C-C　N-10　B-C

21

（2）以中明度为主的中短调配色，给人细致，温暖、无力之感。

明度结构参考

配色参考案例

有品位的 P-P N-8 C-MD

水灵的 C-C BG-C BG-D

精致的 P-P R-B N-5

素雅的 Y-B N-4 O-B

（3）以低明度为主的低短调配色，给人低沉、模糊、神秘之感。

明度结构参考

配色参考案例

强劲的 P-H R-G N-0

庄严的 P-H BG-H N-1

坚实的 N-2 Y-S Y-SD

正宗的 B-SD N-2 P-H

2.中调配色结构

　　明度对比适中的配色，适用于大多数空间，层级变化中等。

　　按照明度高低中调配色又可以分为以高明度为主的高中调配色、以中明度为主的中中调配色、以低明度为主的低中调配色。

　　（1）以高明度为主的高中调配色，给人明亮、清爽之感。

配色参考案例

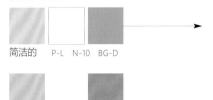

简洁的　　P-L　N-10　BG-D

悠闲的　　O-F　Y-L　R-MD

明度结构参考

　　（2）以中明度为主的中中调配色，给人敞亮之感。

配色参考案例

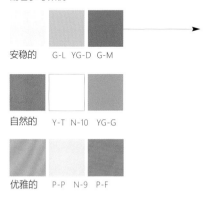

安稳的　　G-L　YG-D　G-M

自然的　　Y-T　N-10　YG-G

优雅的　　P-P　N-9　P-F

清朗的　　G-D　N-10　B-F

明度结构参考

23

（3）以低明度为主的低中调配色，给人稳重、压抑之感。

明度结构参考

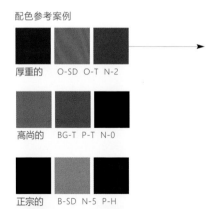

配色参考案例

厚重的　O-SD O-T N-2

高尚的　BG-T P-T N-0

正宗的　B-SD N-5 P-H

坚实的　P-SD N-6 C-H

3.长调配色结构

明度对比差大的配色，层级变化少时，空间显得硬朗、时尚，层级多时空间显得丰富、饱满。

按照明度高低划分，长调配色又可以分为高明度长调配色、中明度长调配色、低明度长调配色。

（1）以高明度为主的高长调配色，给人明亮、清晰之感。

明度结构参考

配色参考案例

男人的　O-SD O-P C-SD

运动的　Y-D N-10 C-SD

（2）以中明度为主的中长调配色，给人敞亮、清晰之感。

明度结构参考

配色参考案例

现代的　C-T　N-7　G-S

有格调的　P-SD　N-7　G-SD

洒脱的　N-3　B-L　C-B

绅士的　G-SD　Y-MD　B-SD

（3）以低明度为主的低长调配色，给人稳重、清晰之感。

明度结构参考

配色参考案例

神圣的　P-T　N-0　P-MD

庄严的　P-H　B-P　N-0

   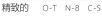

精致的　O-T　N-8　C-S

严谨的　B-P　C-TK　N-0

第四节 空间印象五大结构型

一、稳重型

　　稳重型结构是人们日常配色中最常见、也最容易接受的一种配色结构，空间的整体视觉重心偏下，比如地面和家具都用明度偏低的色彩，其他色彩都用明度高的，以营造空间的稳重之感。

重心下沉

明暗变化：墙面色彩浅，地面色彩深，家具色彩深

明暗变化：墙面色彩浅，地面色彩深，家具色彩中

明暗变化：墙面色彩浅，地面色彩中，家具色彩深

二、前进型

为了营造空间的视觉冲击力，家具陈设等配色常围绕墙面色彩的明暗关系展开，通过彩度、明度、纹样、肌理等对比变化来突出主题。

前进型结构配色会给人一种扑面而来的感觉，空间会向前推进，从而产生膨胀的挤压感。

明暗变化：墙面色彩深，地面色彩浅，家具色彩深

明暗变化：墙面色彩深，地面色彩浅，家具色彩浅

明暗变化：墙面色彩中，地面色彩浅，家具色彩深

三、轻柔型

空间的墙面、顶面、地面、家具、软装饰品等都采用明度比较高的色彩，让整体看上去通透明亮，非常适合打造小型空间、展厅、橱窗等唯美浪漫的场景。

大面积高明度的配色会有延展空间的功能。

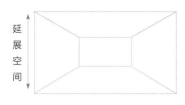

明暗变化：墙面白色，地面色彩浅，家具色彩浅

明暗变化：墙面白色，地面白色，家具色彩浅

明暗变化：墙面色彩浅，地面色彩浅，家具白色

四、暗沉型

由于西方人的眼睛瞳孔黑色素少，怕强光的刺激，故西方人往往会采用这种搭配手法，空间所有围合面和家具、陈设都采用中低明度的色彩。

暗沉型的配色结构会给人压抑之感，但格调较高，是展厅、会所、酒店等场景常用的配色手法。

明暗变化：墙面色彩中，顶面色彩深，地面色彩深，家具色彩深

明暗变化：墙面色彩中，顶面色彩中，地面色彩中，家具色彩深

明暗变化：墙面色彩深，顶面色彩中，地面色彩深，家具色彩中

五、复合型

当墙面出现大面积色彩时一定会控制空间的整体色彩，但有时为了表现某个区域，比如客厅沙发与背景墙，背景墙的色彩配合这个区域展开配色，加上地面也使用低明度色彩，就会出现稳重型和前进型

配色的复合型配色，这样的配色会有强调区间功能的作用。

明暗变化：墙面色彩中，地面色彩深，家具色彩深

明暗变化：墙面色彩中，地面色彩深，家具色彩浅

明暗变化：墙面色彩中，地面色彩中，家具色彩深

第五节 空间情绪

配色设计时经常会有人说："帮我用亮一点的橙色"，用完之后导致我们经常出现意料之外的"橙色"，为了表达得更精准，我们需要了解每个橙色的色调，避免造成错误的表达。

白色越多，彩度降低，明度越高，力量越弱

灰色越多，彩度越低，明度越低，越模糊不清

一、色调演化

以橙色为例，橙色家族会因为本身明度、彩度的变化，呈现出强弱、轻重、浓淡、冷暖等不同的色彩形象，右图是加入白、灰、黑后橙色呈现的各种情绪倾向。

黑色越多，彩度越低，明度越低，力量感越强

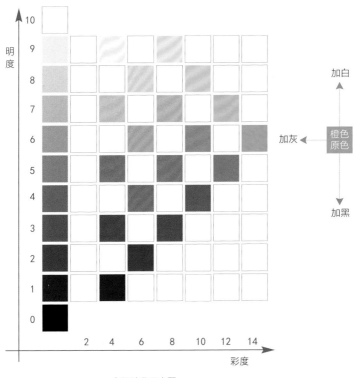

色调演化示意图

二、色调区域划分

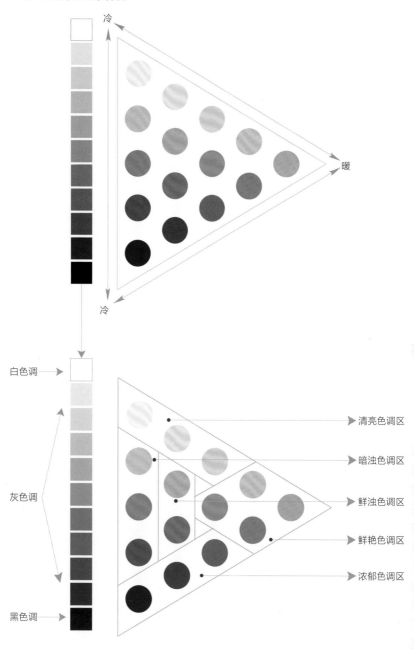

白色调

灰色调

黑色调

冷

冷

暖

清亮色调区

暗浊色调区

鲜浊色调区

鲜艳色调区

浓郁色调区

色调区域划分示意图

三、色调八大区域划分

从橙色家族的色调演化（见第31页）可以看出，色调的情绪是多样的，我们根据配的目的使用，把所有色彩色调分为八个大区。

白色调区　黑色调区

灰色调区

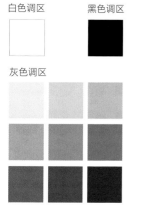

鲜艳色调区

清亮色调区

暗浊色调区

鲜浊色调区

浓郁色调区

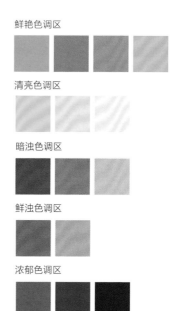

四、全色彩家族151色调

不同色彩体系的色相环使用方法不同，本书采用CMM色彩营销体系10色相环为配色学习方向。

前面我们看到橙色家族演变后共计有15个色调，由于原色必须要经过调和后才能配色，去掉原色还有14个色调，色相环中有10个色相，那彩色的色调共计是140个色调，加上黑、白、灰色调11个，总计是151个色调，代表151个不同色彩情绪。

为了更好地学习色调，我们对其进行了名字标注，分别是：饱满、华丽、强劲、鲜明、自在、清爽、轻柔、淡雅、温和、苦涩、严肃、暗浊、浓郁、稳重、坚实。

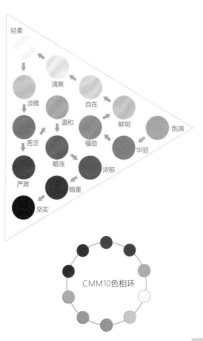

CMM色彩营销体系151个色调总表

色域	色调	色相									
		1M(洋红)	3R(红色)	5O(橙色)	7Y(黄色)	9GY(黄绿)	11G(绿色)	13GB(蓝绿)	15C(青色)	17B(蓝色)	19P(紫色)
原色	饱满 (full)										
鲜艳	华丽 (gorgeous)	1	2	3	4	5	6	7	8	9	10
	强劲 (mighty)	11	12	13	14	15	16	17	18	19	20
	鲜明 (distinct)	21	22	23	24	25	26	27	28	29	30
清亮	自在 (free)	31	32	33	34	35	36	37	38	39	40
	清爽 (clear)	41	42	43	44	45	46	47	48	49	50
	轻柔 (light)	51	52	53	54	55	56	57	58	59	60
浑浊	淡雅 (pale)	61	62	63	64	65	66	67	68	69	70
	苦涩 (bitter)	71	72	73	74	75	76	77	78	79	80
	严肃 (serious)	81	82	83	84	85	86	87	88	89	90
鲜浊	温和 (mild)	91	92	93	94	95	96	97	98	99	100
	暗浊 (turbid)	101	102	103	104	105	106	107	108	109	110
浓郁	浓郁 (thick)	111	112	113	114	115	116	117	118	119	120
	稳重 (heavy)	121	122	123	124	125	126	127	128	129	130
	坚实 (solid)	131	132	133	134	135	136	137	138	139	140
无彩	无彩 (neutral)	141	142	143	144	145	146	147	148	149	150	151

五、色调配色参考

配色时根据想表达的情感，选出对应的色相和色调，再进行配色。

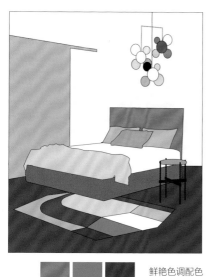

鲜艳色调配色

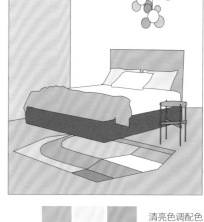

清亮色调配色

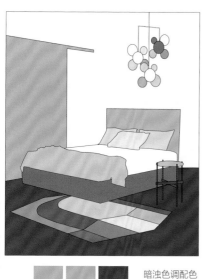

暗浊色调配色

浓郁色调配色

第六节 色彩冷暖

在空间里配色时，目的就是建立色彩秩序，通常有两种方式：统调同频和突显对比。这些都跟色温有关，要么找色温相近的色彩统调管理，要么让色彩各家族在空间里形成对抗感，从而让一方有更强的表现力来达到配色的目的。（统调法则见第63页）

下面让我们来了解所有色彩的冷暖属性。

CMM20色相环

一、色相冷暖

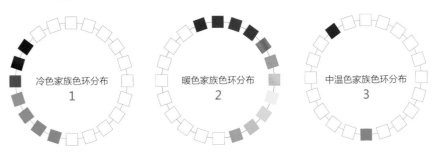

冷色家族色环分布 1

暖色家族色环分布 2

中温色家族色环分布 3

色彩冷暖感源于我们的色彩心理。在CMM20色相环里，暖色家族有11个，冷色家族有7个，中温色有2个。暖色家族里最暖的是红橙色，冷色家族里最冷的是青色，这两个家族扮演着冷暖对比配色的最高代表。在暖色家族中，离红橙色越远的色相其色温越低。相反冷色家族中，离青色越远的色相其色温越高。

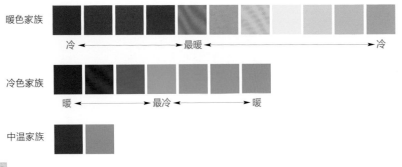

暖色家族

冷 ◄————————► 最暖 ◄————————► 冷

冷色家族

暖 ◄————————► 最冷 ◄————► 暖

中温家族

对于中温家族而言，它们就像变色龙一样随着环境的冷暖而发生冷暖变化，靠近冷色相变冷，靠近暖色相变暖。（右图）

二、色调冷暖对比

红橙色分别加入黑、灰、白色后，色调的冷感越来越强。

青色加入白色变冷，而加黑、灰色却变得温暖起来。（下图）

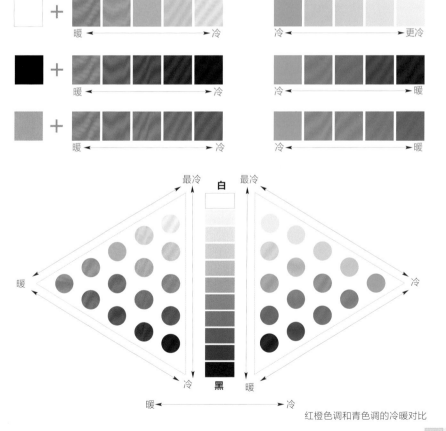

红橙色调和青色调的冷暖对比

在青色和红橙冷暖对比的色调图中可以看到，在两组色调的微妙变化中，越靠近灰色的色调看上去越容易协调，相反，其对比性就越强。

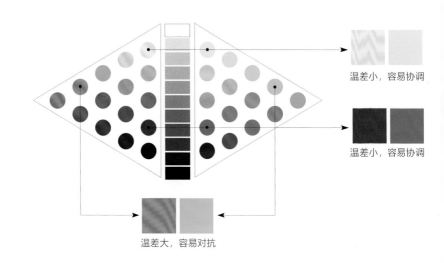

温差小，容易协调

温差小，容易协调

温差大，容易对抗

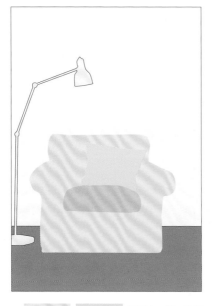

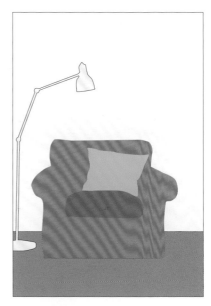

 温差小，统一协调

温差大，活泼动感

第二章
配色法则

第一节 黄金比例法则

一、黄金比例

关于黄金比例的起源，一般认为来自公元前5世纪古希腊的毕达哥拉斯的理论。黄金分割(Golden Section)是一种数学上的比例关系。黄金分割具有严格的比例性、艺术性、和谐性，具有丰富的美学价值。应用时一般取1:0.618，在很多艺术品中都能找到它。位于希腊雅典的帕提侬神庙就是一个很好的例子。达·芬奇的《维特鲁威人》

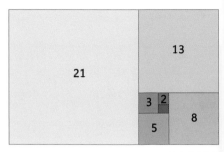

黄金分割图

符合黄金比例；《蒙娜丽莎》中蒙娜丽莎的脸也符合黄金比例；《最后的晚餐》同样也应用了该比例布局。

黄金比例被认为是建筑和艺术中最理想的比例。对于配色而言，不管是立体的雕塑、平面的设计、还是室内家居空间，其配色面积比例都可参照该比例。

二、配色面积参考

假设空间中出现黄、紫两个色相时，我们设定黄色为主色，紫色为辅色，它们的配比可以参考下面几种比例：21:13；21:8；21:5；21:3，或7:3；8:2；9:1等。

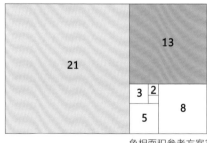

色相面积参考方案1

色相面积参考方案2

色相面积参考方案3

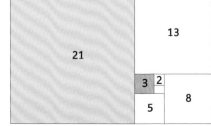

色相面积参考方案4

根据配色需要，当空间出现多种色相时，一样要参考下面的配比关系，但在实际配色时灵活运用，不能刻板按照这些比例来配色。

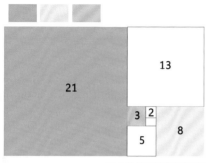

三个色相面积参考方案1

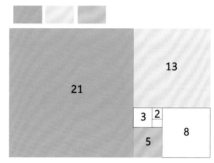

三个色相面积参考方案2

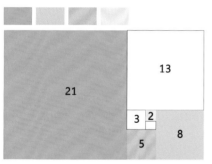

四个色相面积参考方案1

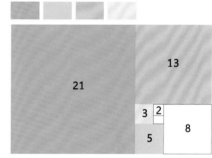

四个色相面积参考方案2

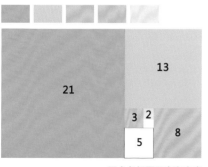

五个色相面积参考方案

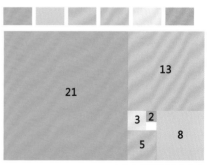

六个色相面积参考方案

三、配色面积决定配色目的

在空间中，如果两个色彩面积相当，其对比就会增强，对抗性就大，配色的目的就是解决这些空间矛盾，让空间协调统一。所以不管是色彩与色彩，还是色彩与花纹、材质、形状等设计元素，它们之间的相互关系，都应该按这样的逻辑进行配色。

面积差大   面积差大

面积差小   面积差小

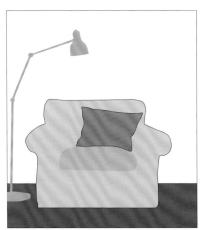

无彩空间里，紫色面积小，焦点清晰

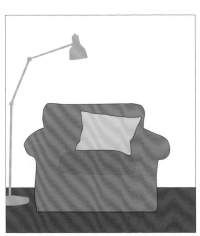

无彩空间里，紫色面积大，紫色给人印象深刻

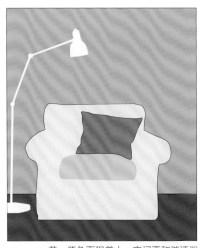

黄、紫色面积差大，空间更和谐活泼

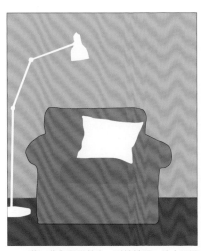

黄、紫色面积差小，对抗性强，让人不适

蓝、黄色面积不同，其给人空间印象也不同

蓝色印象深刻

黄色调节空间氛围

黄色印象深刻

蓝、黄色对决，动感增强

高彩度色彩适合小面积局部配色

低彩度色彩适合大面积背景色

第二节 配色逻辑法则

一个空间配色时，可以按照三层次、五角色的大逻辑来关联组织配色。

一、空间分层

按照空间装修的顺序首先完成地面铺装、墙面装饰、顶面吊顶的施工，这三个大面的颜色就是空间配色的第一层。第一层就是空间的背景色，除了可以决定空间色彩印象以外，还通过色、形、质等对比，起到滋养、支配、融合整体空间的生态功能。

第二层泛指空间的家具和大型摆件，比如客厅的沙发、茶几、角几、电视柜；卧室的床、床头柜、衣柜；餐厅的桌椅；可移动的隔断、大型工艺品等。由于其整体体量偏大，其风格、形体、色彩等都会影响到整体配色的结构和行走动线，往往起到举足轻重的作用。

第三层是除了墙面、顶面、地面和家具以外的所有装饰品，目的是为了丰富空间的配色层级，比如挂画、花艺、布艺、饰品摆件等统统归到这一层。

要注意的是，窗帘和地毯等的色彩，根据配色的需求，当它们成为背景色一同支配空间色彩时就归到第一层；如它们仅作为点缀色与空间色彩进行呼应、协同就归到第三层，这些都需要根据实际配色需求灵活使用。

第一层：墙面、顶面、地面

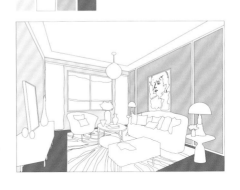

第二层：沙发、茶几、边几、电视柜

第三层：挂画、抱枕、台灯、花器、窗帘、花艺等

二、空间五大角色

懂得了空间分层逻辑，配色时就要考虑色彩与空间角色的交织关系，配色就是组织色彩的过程，任何一个单元都不能孤立存在。

一空间、一主题、一元素、一角色，下面根据配色主题和各种色彩扮演的角色，进行介绍。

1.背景色使用技法

背景色通常是指前面讲过的第一层的地面、墙面、顶面这些大界面的色彩，它会决定空间的主要色彩印象和其他角色的具体走向，是营造空间氛围最重要的基础色彩。

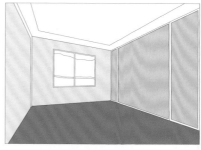

背景色包含空间中的顶面、墙面、门窗、地面等的颜色，会直接影响视觉感官印象

使用技法1：偏暖的高彩度背景色会让空间给人以紧张、刺激感

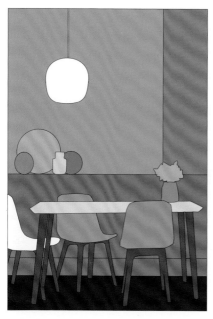

使用技法2：偏暖的中彩度背景色会让空间给人以放松、温和感

使用技法3： 低彩度背景色会让空间更加柔和

使用技法4： 无彩色背景色会让空间变得简单、素雅

使用技法5： 偏冷背景会让空间更加清爽

使用技法6： 低明度无色彩背景会让空间变得压抑、局促

2.主角色使用技法

主角色的存在会强化主题，经过打造的主角色会让空间焦点、活动路线更清晰明确。

空间配色都要围绕主角色展开，一切以明确主角的空间地位为目标，形成空间的视觉中心。

在客厅空间中，面积最大的是背景色，其次就是主角色和配角色，一般最大的沙发的颜色就是主角色，围绕在周边的单人沙发、双人沙发、茶几、边几、圆蹲等的颜色属于配角色。

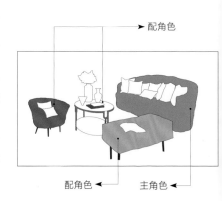

卧室中床的颜色是主角色，床头柜、衣柜、电视柜、梳妆台、单椅等的颜色是配角色。

餐厅中的餐桌的颜色是主角色，餐椅、边柜、酒柜等的颜色是配角色。

主角色和配角色相互依存，相互牵制，构成了空间的重要色彩层级结构。

一切配色围绕主角展开，点亮色只为主角服务。各角色配色关系如下图所示。

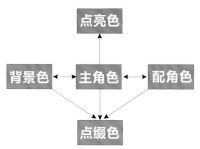

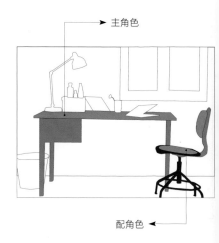

（1）主角彩度聚焦。

聚焦就是增加空间的诱目性，让主角明确、视觉快速识别的过程，根据空间需求可设计主聚焦点，也可以关联多个点，引导目光完成浏览。

人们的眼睛永远是"好色"的，对高彩度从来不会放过，所以在百无聊赖的无彩空间里，只要你大胆的使用高彩度的色彩，视觉会一下子被吸引过去，这就是高彩度视觉信息传播的魅力。

在高度色彩家族里，暖色会比冷色看上去更加刺激，刺激度决定视线动向的强弱。

红色比蓝色看上去更刺激一些

有彩色蓝色比无彩色灰色看上去更刺激一些

冷暖色共同使用会让空间更具动感

主角本身使用高彩度色，更容易引起注意

（2）主角区彩度聚焦。

围绕主角区的抱枕、挂画等配角使用高彩度色也有聚集的作用

（3）主角力量聚焦。

用低彩度色彩，与背景色形成明度差，可让主角沙发更加安定

用高明度色彩，与背景色形成明度差，可让主角沙发突显出来

（5）无彩色聚焦。

当空间背景色是大面积的有彩色时，沙发使用无彩色有聚集的效果

（6）亮色聚焦。

境加主角沙发周边的软装元素数量，可让主角区色彩繁复饱满

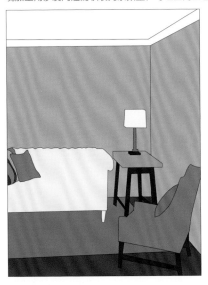 

（7）意象聚焦。

用夸张奇特的装饰可吸引人的目光，让人产生联想画面，从而引导视线流动（张晓刚的工作室　摄影师：Manolo Yllera）

视觉流动　　　　　　　　　　　　　　　　　　　产生联想

（8）主角互补色聚焦。

通过动态的色彩族群组合对比产生聚焦感，比如具有补色关系的色彩。前面讲过，补色对比具有灵动、有跃动感、视觉识别性强的特点。

好的配色不是孤立地使用色块，而是通过空间其他特定元素的组合，让主题色彩突显出来，这个过程就是聚焦感的显现。

这里讲的聚焦不是将焦点局限在某个面上，而是通过色彩搭配形成中心，产生视觉的流动性。所以在配色时应该是点对点或者面对点，才能产生好的聚焦感。

红色沙发搭配大面积蓝绿色，在补色的强烈作用下，视觉中心直接聚焦到沙发上，确定主角位置后，再转移到其他空间，这就是最有效的视觉传达

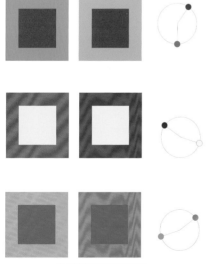

补色聚焦适配对比关系

蓝绿色背景用临近色，视觉中心感偏弱

（9）位置聚焦。

在一个空间里按视觉动线自然划分的区域，比如一个会场的舞台，家居空间入户看到的沙发位置。

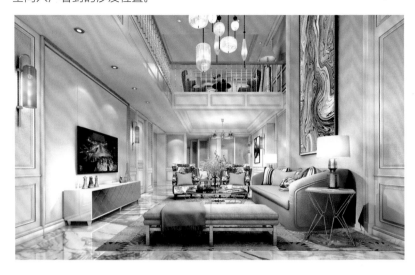

（10）光影聚焦。

展厅、橱窗等为了渲染某种场景，使用聚光灯，在强烈的聚光灯下最耀眼的自然就是主角。

（本图片源于网络）

3.配角色使用技法

为了打造主角的空间地位，丰富主角区域层级时就要考虑配角色的合理使用。配角色要围绕主角色展开，不能"抢夺"主角色的风头，当然有时为了让主角区的主题更加明确，可以小面积使用高彩度色或夸张花纹，但要严格控制比例。

主角色与配角色都属于空间的第二层色彩，这部分色彩都是家具部分色彩，它们决定空间的风格，面积占比大，重要性不言而喻。

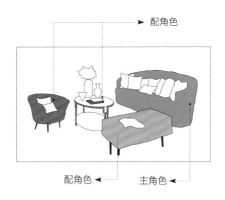

配角色使用技法如下所述。

(1) 降低彩度。

当主角色是高彩度色时，配角色要主动降低彩度，突出主角的强势地位

(2) 使用无彩色。

当主角色是高彩度色时，配角色直接使用无彩色，主角色自然就会突显出来

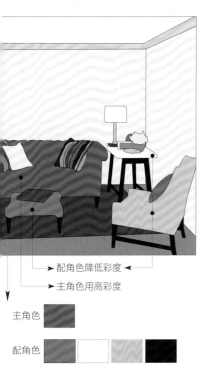

（3）拉开明度差。

当主角色明度偏低时，配角色使用高明度的色彩，突出主角的力量感

当主角色明度偏低时，配角色使用与主角相近明度的色彩，会让主角局促紧张，呆板

► 配角色使用高明度色 ◄

► 主角色明度低

► 配角色用主角色相近明度 ◄

► 主角色明度低

主角色

配角色

主角色

配角色

（4）用对比色。

当主角色色相确定后，配角色可使用其补色，以加强主角色的存在感

主角色

配角色

主角色红紫色相 ◄

配角色蓝绿色相 ◄

（5）花色与面色。

当主角色是花色时，配角色可使用面色或暗花纹来突出主题

主角色背景色都使用花纹，会让空间显得凌乱，削弱主角色彩的力量

 配角色使用面色

 主角色使用花色 ◄

主角色

配角色

花色是指带有花纹的色彩面

面色是指无花纹的色彩面

配角色使用补色时，其面积不能过大，不然会形成对抗感，主角会不安定，主题不够明确

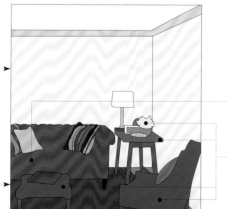

主角色面积

配角色面积

合理面积比

4.点缀色使用技法

第三层色彩统称为点缀色，是除了背景色、主角色、配角色以外的色彩。很多时候，使用点缀色是为了增加空间的层级。比如色彩本身的组织秩序、居住舒适度的营造、明暗关系的增减、色彩关系的变化、空间印象的改变等，都可通过点缀色来实现。

点缀色层级越多，空间会显得越丰富饱满，家居生活感越强；反之，空间会显得缺少温度，给人冰冷之感。

点缀色彩度越高，空间氛围越活泼，彩度越低，空间情绪越稳定，当然这些都要通过和其他角色的对比来实现。

点缀色就是挂画、花艺、布艺、灯具、花瓶、窗帘、地毯、抱枕、工艺品等小型软装饰品的色彩

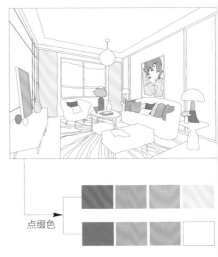

点缀色

点缀色搭配技巧如下：

（1）高彩度色让空间活泼。

高彩度色在空间中使用时不能面积过大，否则会在原空间中形成强烈的对抗感。

小面积使用高彩度色更容易突出色彩效果，形成好的诱目性，引导视觉动向。

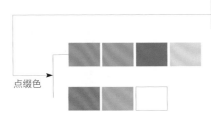

点缀色

（2）低彩度色让空间平稳。

低彩度的点缀色与空间和其他角色的无彩色没有大的对比，保留了原有空间的情绪，缺少生机感，显得略微无力、单调，但整体更加协调、稳定。

点缀色

（3）点缀色让空间饱满、丰富。

从空间结构的角度看，第一层和第二层的结构层级是不能满足配色需求的，或者说给人的感觉是冰冷的，缺乏生活感和舒适感。点缀色的作用就是改变这种状况，丰富空间层级。

点缀色多让空间丰富

点缀色明度层级多

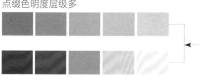

点缀色明度层级少

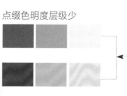

点缀色少让空间冷清

5.巧用点亮色

这里讲的点亮色是点缀色的一种。巧用点亮色是针对主角或围绕主角区使用的一种配色方法，面积不宜过大，配色时根据目的灵活使用。

比如：当空间沉闷时，可用亮色、高明度的色彩来让主角更加突出，地位更明确，整体空间也会随之明亮、通透起来。

（1）在主角上用高彩色点亮。

点亮色

（2）主角区用花瓶点亮。

点亮色

（3）在主角上用白色点亮。

点亮色

（4）主角区用画点亮。

点亮色

（5）用小面积配角色点亮主角区。

点亮色

（6）主角背景沉闷用画点亮。

点亮色

第三节　同频法则

一、多色相同频

为了让空间情绪趋于一致，增加色彩丰富性和稳定感，会使用某个色相的类似色、临近色相组合来打造空间。色相倾向性越强，力量就越大。反之色相倾向性越弱，就越容易被其它色相支配。

比如：暖色家族的红色、红橙色、橙色组合，冷色家族的蓝色、蓝紫色、紫色组合。由于这些组合的色相都含有相同的色彩，也就是刚才说的暖色家族都含有红色，冷色家族都含有蓝色，这样的共通性组合更容易建立空间色彩秩序，也就容易协调而达到配色合理的目的。

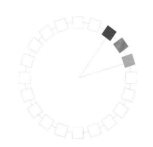

红色、红橙色、橙色三个临近色组合

蓝色、蓝紫色、紫色三个临近色组合

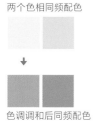

两个色相同频配色

色调调和后同频配色

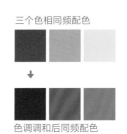

三个色相同频配色

色调调和后同频配色

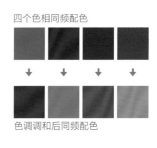

四个色相同频配色

色调调和后同频配色

色相倾向性越强越容易融合　➡

色相倾向性弱黄色容易被支配　➡

红、橙、黄色相同频叠加彩度配色，
会让空间情绪达到极致的热情

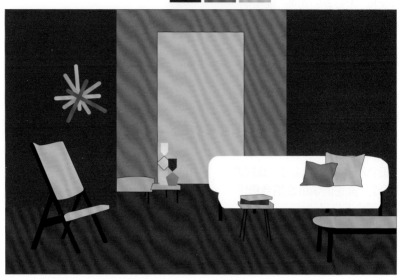

红、橙、黄色相同频弱化彩度配色，
可以让空间更加融合、稳定、清新

二、统调与同频

色调可以表现情感和情绪，且有多样性，不管是积极的、活泼的、动感的、华丽的，还是消极的、严肃的、高级的、经典的，都必须通过色调来直接实现。

色彩学是一个多种信息层交织错落的综合性学科，讲色调的同时还要注意彩度、色温、明度等，所以说色调同频就是这些信息层共振的结果。

配色时运用色调倾向一致的同频的色彩，其空间情绪会相当稳定，整体氛围会非常融洽。

前面色调基础部分我们已经把色调分成了14种色调倾向，根据配色需求，我们可以把同频的色调再次细分。

这样，空间色彩彼此同频呼应，形成群化整体，信息传达就会准确。

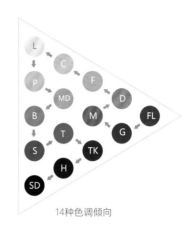

14种色调倾向

原色同频

清浊的色调同频

浓郁的色调同频

暗浊的色调同频

清亮的色调同频

鲜艳的色调同频

统调＝色调同频＋彩度同频＋明度同频＋温度同频

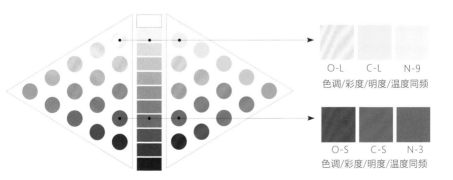

O-L　　C-L　　N-9
色调/彩度/明度/温度同频

O-S　　C-S　　N-3
色调/彩度/明度/温度同频

统调与同频的关系

1.点、线统调

在配色时需要考虑到色调的具体选择，通常可以采用点、线两种方法来选择配色。

所谓点法就是取某个色相色调图中的一点区域来配色，线法就是取色调一种倾向的一条线来配色。

点法：色调图中任何一点

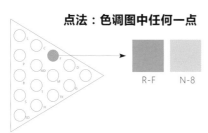

R-F　　　N-8

线法：色调图中任何一条线

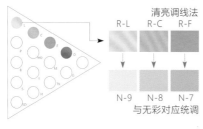

清亮调线法

R-L　R-C　R-F

N-9　　N-8　　N-7
与无彩对应统调

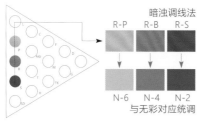

暗浊调线法

R-P　R-B　R-S

N-6　　N-4　　N-2
与无彩对应统调

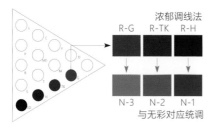

浓郁调线法

R-G　R-TK　R-H

N-3　　N-2　　N-1
与无彩对应统调

2.点、线统调种类

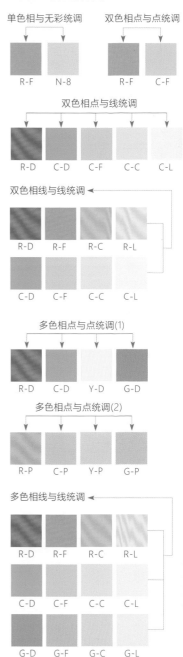

单色相与无彩统调　　双色相点与点统调

R-F　　　N-8　　　　R-F　　　C-F

双色相点与线统调

R-D　C-D　C-F　C-C　C-L

双色相线与线统调

R-D　R-F　R-C　R-L

C-D　C-F　C-C　C-L

多色相点与点统调(1)

R-D　C-D　Y-D　G-D

多色相点与点统调(2)

R-P　C-P　Y-P　G-P

多色相线与线统调

R-D　R-F　R-C　R-L

C-D　C-F　C-C　C-L

G-D　G-F　G-C　G-L

64

3.点、线统调案例

　　任何空间都离不开无彩色黑、白、灰等，当空间第一层色彩完成以后，其他层次使用粉色与灰色来搭配，清新明快。

　　这个配色方法适用于第二、三层的配色，可重复使用，由于色彩变化少，要考虑色彩之外形状、材质等的多重变化。

第一层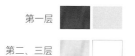

第二、三层

点法配色，单色相
与无彩色统调

R-L　　N-8

R-D　　C-F　　C-C　　C-L

冷红配冷蓝，温度同频，
而不是单纯的红配蓝

双色相点与线统调

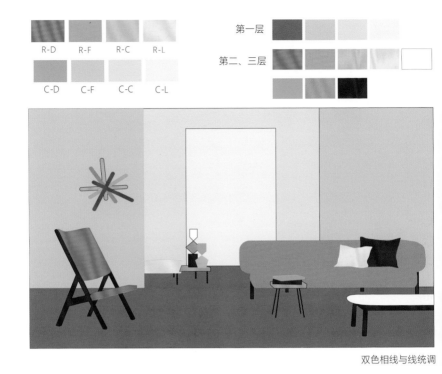

R-D	R-F	R-C	R-L

C-D	C-F	C-C	C-L

第一层

第二、三层

双色相线与线统调

R-P	C-P	Y-P	G-P	N-7

多色相点与点统调

三、色外冷暖同频

配色的大多数时候，除了色彩关系要冷暖共生以外，色彩背后的材质、形体、纹样等对配色效果都有重要影响，同频就是这些要素统统要满足色彩的冷暖需求。

同时，还要结合色彩因为光影变化，载体转移等因素而发生的变化进行思考。

比如一张崭新的白纸，肯定没有把它揉成一团后再铺开看上去更温暖，直线条看上去没有曲线温暖，方形看上去不如圆形有温度，花纹比圆形看上去更有温度，诸如此类，我们对于世界的感觉如此细腻，这些都是冷暖同频最好的参照。

方形比圆形更有冷感

直线比曲线更有冷感

小花形比大花形看上去更温暖一些

组合方形比圆形更有冷感

右边夸张奇特的图形更显寒冷

组合圆形看上去更温暖一些

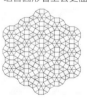

右边古典细腻的图形更显温暖

左边古典细腻的图形更显温暖

在冷感的配色空间里，除了色彩要用冷色，形状也应多采用直线条与之呼应使用，以达到整体空间的协调。

方形增强了空间冷感

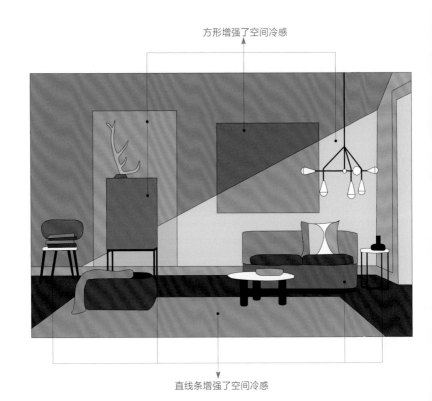

直线条增强了空间冷感

偏冷感的色彩方案　　　　　　　　　　　　　　　　　　　　冷黑

偏冷调的空间使用形状

设计应该以人为本。自然、舒适的感觉是很多人对于家居空间的追求。无彩色虽然可以营造出恬静的空间，但也容易给人乏味之感，因此在使用无彩色配色时要"刻意"制造温暖感。此时配色的核心则不在于无彩色本身，更多强调的是无彩色之外形状、材质、花纹、象征意义的变化。

暖色搭配案例（本图片源于网络）

通过上图，我们可以分析出暖色同频配色的具体搭配技法：

（1）无彩色转调为暖色。选用暖色倾向的灰色成为大背景色。

（2）有生命象征的色彩。选用自然色系的棕色、大地色、栗色、绿色等具有生命象征的色彩增加生机感、温度感。

（3）曲线或圆形。曲线和圆形比直线更有温度感。

（4）象征性的色彩。烛台、蜡烛、太阳、壁炉、女性的照片等能给人温暖的感觉。

（5）亚光色。亚光材质比亮光材质显得温暖。

冷暖同频搭配案例

四、空间层次同频

空间色彩倾向越强，表现力也就越好。按照装修顺序，首先完成空间第一层的配色，为了让空间的情绪保持第一层的倾向，第二层、第三层使用的色相要跟第一层一致，只是通过色调的变化来进行配色，通过结构层级来调节空间丰富程度即可。

这种配色方式也可以称为层次站队法，目的只有一个，让空间色彩秩序更加清晰，表现力更直接。

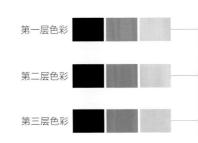

第一层色彩

第二层色彩

第三层色彩

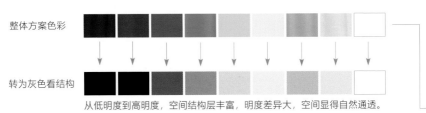

整体方案色彩

转为灰色看结构

从低明度到高明度，空间结构层丰富，明度差异大，空间显得自然通透。

第一层色彩

第二层的色彩与第一层的色彩同频

第一、二、三层所有色彩同频，色彩秩序清晰（本图片来自设计师丁卫东）

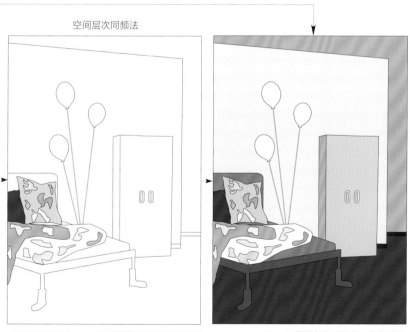

空间层次同频法

第三层的色彩与一、二层的色彩同频

一、二、三层所有色彩同频，印象清晰

第四节 呼应法则

呼应的目的是建立空间中色彩、形状、材质、风格的对话感，避免每个空间元素孤立的存在，让每个层次和角色之间的黏合性更强，形成共同的节奏和韵律。

一、色彩围合呼应

在配色时，当你选用好色相型格（见第三章），确定了空间情绪的色调以后，那每个色调的扩展色都要出现在空间里，以围合主角扩散的形式展开。

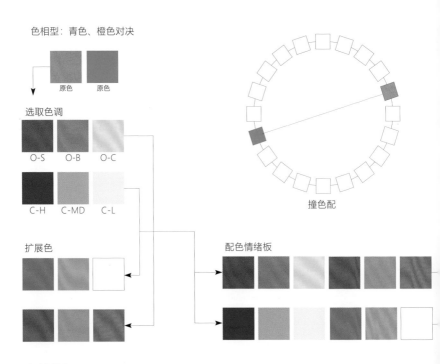

配色情绪板

配色情绪板，也称为印象扩展色，是通过喜好色的主印象色彩冷暖转调变化而来，其目的是为了增加空间层级和调节空间温度。

使用配色情绪板对使用者选取的色彩的喜好（见第四章）进行分析，并制作空间的整体配色方案。对后期软装配饰的选择有积极的参考作用。

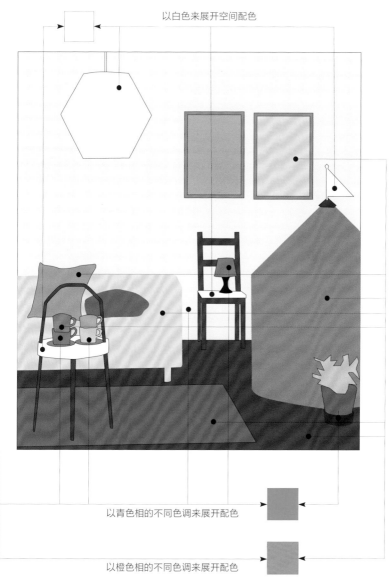

以白色来展开空间配色

以青色相的不同色调来展开配色

以橙色相的不同色调来展开配色

空间中只有青色、橙色、白色这三个家族的色彩，通过色调的变化围合，同频反复出现，没有其他"杂"色，让色彩秩序更加清晰，让人心安

帐篷

帐篷的色相发生了改变，不再呼应空间的其他色彩，会显得孤立，没有对话感

白色

空间中只有一块白色，显得突兀

背景色

没有蓝色的呼应，空间变得干净、平稳、整齐、没有活力

主角色

不围绕主角色呼应的色彩关系，使主题不明确，主角地位不稳定

二、形状呼应

在空间三个层次中出现了大量形状与花纹，也就是色彩之外的变化，但配色设计中又不可能只出现一个状态的形状与花纹，这就需要在统一的前提下，做到形状与色彩的协调呼应。

下图主角为方形，在设计其他造型和产品时，可选择或大或小，或长或宽的方形来实现其与主角的呼应关系。

物体形状的选择，应视主体形状的简单或复杂而定，图中圆形有两个作用。首先，如果空间里出现大量方形，空间会显得呆板没有生机，为了打破这一局面，用其他形状来"破局"非常有必要，静中取动，改变空间情绪，也是配色的常用手法。其次，圆形有稳定整体空间的作用，一般会刻意设计在主角区附近，对明确主角的地位有非常大的作用。

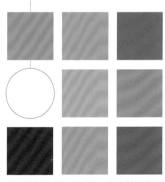

白色也打乱了原有秩序，从形状和色彩破局

三、材质呼应

在空间三个层次中，形与质作为空间的重要载体，好的色彩搭配脱离了这些都是空谈。空间的各角色与层级之间，材质是最后配色能否成功的关键因素之一。

皮毛与背景材质的呼应统一

地面与家具质感的呼应统一

沙发与抱枕质感的呼应统一

墙面造型与椅子等材质统一给人以现代的科技感（本设计来源于香港环亚联合设计公司）

四、风格呼应

很多设计师在家居设计时，经常会从家具风格入手，因为第二层家具的色彩与背景色构成了空间的主题印象色，占比最大，这一部分的风格直接影响着空间的设计走向，在设计时最好的办法就是不要做过多风格的"堆砌"呼应。在第三层可以做适当的风格混搭，混搭面积一般不能超过整体面积的30%，避免出现风格混乱，主题不够明确的现象。

在所有色彩配色逻辑里，风格往往是引导秩序的起点。

现代风格造型与陈设统一

现代风格造型统一用几何形的大块面色呼应 (本页图片来自设计师丁卫东)

风格造型统一

风格造型统一

第五节 平衡法则

一、无彩色平衡

一张色彩凌乱的照片，如处理成黑白的，你会发现照片瞬间变成艺术照，非常漂亮，这就是黑、白、灰的魅力。在配色时，无彩色常常发挥着积极的作用。

无彩色有独特的控制能力。灰色可以有效平衡有彩色的张扬，让其变得收敛；黑色有美颜彩色的功能，让有彩色的彩度表现得更加鲜明；白色让空间通透明亮。总之，有无彩色的衬托，空间配色的表现力就有无限的可能。

加入黑色会让空间更加鲜明、有力量，让主角表达力更强

灰色沙发会降低高彩度橙色的躁动感，起到平稳空间的作用

白色沙发会让空间色彩更加明亮、通透，起到还原色彩面貌的作用

空间信息有些混乱、缺乏对比、
主题也不够明确，表达不清晰

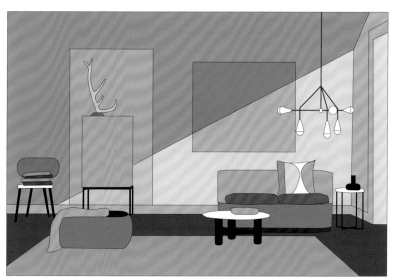

用黑白灰直接平衡空间，弱化空
间强度，增强对比，秩序清晰

二、常用色平衡

对于配色，我们与其绞尽脑汁，大费周章来"讨好"自己的作品，不如直接使用常用色，因为这些色彩既不会让人特别喜欢，但也不会令人生厌，只要色彩搭配逻辑合理，一样可以产生好的效果。

常用色通常是指：金色、银色、黑色、白色、灰色、米色、咖色、驼色、棕色、栗色、大地色、自然系的绿色等。大多数的常规配色里，都离不开他们的身影，在下面四个空间里，常用色不变，对所有空间都有平衡协调的作用。

金色　　银色　　黑色　　灰色

棕色　　栗色　　大地色　　绿植

白色　　米色　　咖色　　驼色

常用色种类

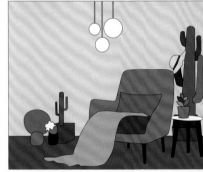

常用色平衡案例

三、冷暖平衡

在家居配色中，对冷暖平衡的掌握最能体现一个设计师的配色水准。同时，冷暖平衡也是配色中最基础的色彩平衡技能。由于人对色彩冷暖的感知很微妙，在配色时要认真地理解，总结其规律。

可以这样讲，冷暖平衡的运用，反映我们的配色控制能力。但在很多时候衡量冷暖平衡的标准是含糊的，我们只能看设计者真正目的是什么，是否符合冷暖平衡的规律。

在前面我们已经介绍了全色相和色调的冷暖关系。在配色时我们通常会有两种设计的流程，一种是从方案刚开始根据配色目的全局考虑冷暖平衡倾向，做整体部署；另一种是空间已经完成了第一层或第二层的设计，配色要迎合原空间冷暖倾向进行。不管是哪一种，目的只有两个，要么平衡稳定感，要么平衡突显感。

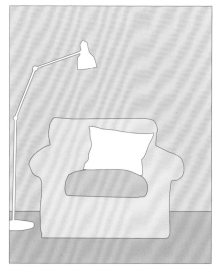

原空间背景为冷红色，沙发配冷蓝，整体协调统一

R-L　　B-L

统调平衡		突显平衡	
Y-D	C-D	O-D	C-TK
R-L	B-L	R-D	B-TK
P-MD	G-MD	R-S	G-L

原空间背景为冷红色，沙发配暖蓝色，突显了主角沙发的地位

R-D　　B-SD

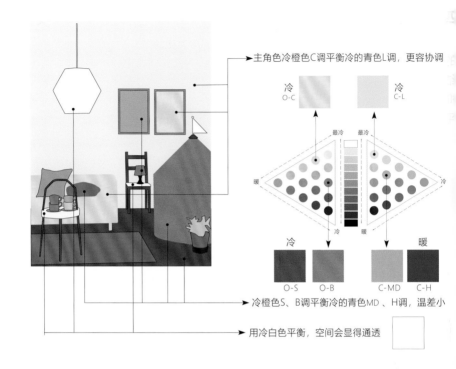

主角色冷橙色C调平衡冷的青色L调，更容协调

冷
O-C

冷
C-L

最冷　最冷

暖　　　暖

冷　　冷

冷　　　　　暖

冷
O-S　O-B

暖
C-MD　C-H

冷橙色S、B调平衡冷的青色MD、H调，温差小

用冷白色平衡，空间会显得通透

第一层暖调，床用冷粉色会显得冲突，
地毯上的几何直线偏冷也不太协调

四、轻重平衡

这里讲的轻重是就色彩明度而言的，轻重平衡涉及我们前面讲的空间结构调整问题。色彩情感是沉闷、压抑，还是通透、轻盈，这些都与轻重平衡有着至关重要的联系。

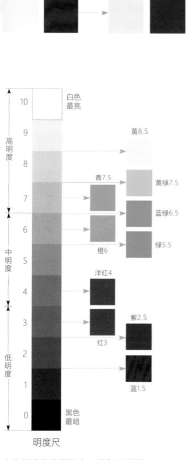

明度尺

在色彩家族的领袖中，黄色的感觉最为轻盈，蓝、紫色感觉最为沉重

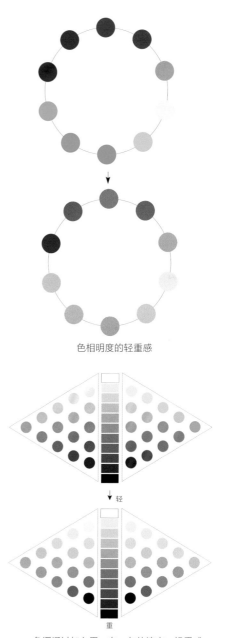

色相明度的轻重感

色调通过加入黑、白、灰的演变，轻重感也随之发生变化

色彩轻重感层级差小，给人沉闷、压抑之感

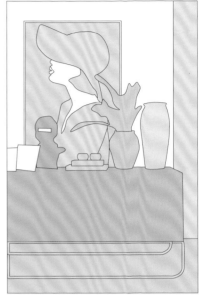

色彩轻重感层级差小，给人平和、温柔之感

平衡了色彩轻重层级，给人明亮、通透之感

平衡了色彩轻重层级，给人稳重、舒适之感

改变空间轻重平衡关系对空间印象起到积极的作用

五、面积平衡

配色就像两军对垒，当敌我力量平衡时，就会处于胶着状态，冲突就会明显，对抗就会产生，配色的目的往往就是为了化解这些矛盾。

在空间中无论是色彩本身，还是形状、花纹、肌理、材质等，都会存在面积的平衡分配问题，前面讲过的黄金比例法则只是一个参照，具体实践中的规则就是面积"作战地图"关系大小的对比。

"作战地图"大的，整场战役的控制感就强，视觉中心就会转向面积小的，这是我们视觉无意识的转移，所以要提前有意识地精心设计。

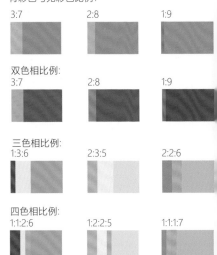

总原则：高彩度面积差要大，低彩度面积差可略小

有彩色与无彩色比例：

3:7　2:8　1:9

双色相比例：
3:7　2:8　1:9

三色相比例：
1:3:6　2:3:5　2:2:6

四色相比例：
1:1:2:6　1:2:2:5　1:1:1:7

常规面积平衡参考比例

上图直线形过多，显得拥挤；粉色有彩过多,显得躁动

无彩空间里，明度层级差大，面积对比大
会显得视觉冲击力强，有明亮、通透之感

无彩空间里，明度层级差小，面积对比小
会显得柔和，缺乏活力，印象模糊

在有彩色空间里，蓝色面积大，
视觉冲击力强，有前进感

改变蓝色面积比例，
主角沙发变得更加突显

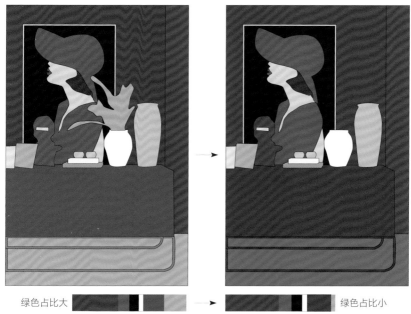

绿色占比大 ⬛⬜⬛⬜⬛ ➡️ ⬛⬜⬛⬜⬛ 绿色占比小

在红绿对比中，减少绿色面积和彩度，平衡对抗感，确定红色的主导地位

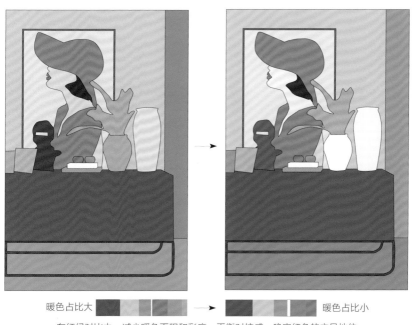

暖色占比大 ⬛⬜⬛⬜⬛ ➡️ ⬛⬜⬛⬜⬛ 暖色占比小

在红绿对比中，减少暖色面积和彩度，平衡对抗感，确定红色的主导地位

第六节 突显法则

在日常生活中，我们的视觉会不自觉地被突出的色彩所吸引，比如红绿灯的红色、马戏团小丑鼻子的红色、五星红旗上五角星的黄色等。我们可以感知到这些，是色彩传达的感知顺序层不断叠加的结果，这些叠加产生聚焦感、突出感、引诱感，从而完成配色主题的表达。这个配色的重要手段就是突显。

回到色彩本身，多个色彩群落出现在空间时，会出现色相、彩度、明度、温度、色调的信息对比，就会形成被突出的和不被关注的色彩。这些反差的结果就是视觉转移，视觉停留在哪里，哪里就是视觉中心。

配色的学习过程就是要有意安排突显，知道为何发生突显，突显的层次顺序是如何安排的。一定记住空间三层级、背景色、主角色、配角色、点缀色的关系，不然盲目的、没有突出主题的配色将没有意义。

一、突显信息层

我们把突显分为色彩感知层和聚焦层两部分来理解。

感知层是不被强调的、融合的、不被重视的，但是感知层面积占比大、所包含的信息多，是一组或多组的群化组合，成为有强大支配力、控制力的色彩群落。

聚焦层是视觉最容易捕捉到的，可引起情绪波动的色彩，可以是单色，也可以是一组面积较小的色彩群落。

感知层　聚焦层　聚焦层

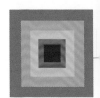

无彩色对单色相的信息层

感知层　聚焦层　聚焦层

双色相的信息层

感知层　聚焦层　聚焦层

多色相的信息层

聚焦层色彩彩度低，信息模糊，诱目性不够，空间表现力不够，没有形成很好的聚焦功能。

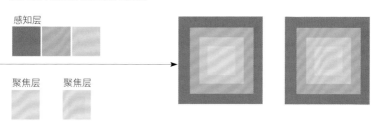

感知层绿色彩度过高，无法支配聚焦层；聚焦层不够明确，整体信息杂乱，主题不清晰。

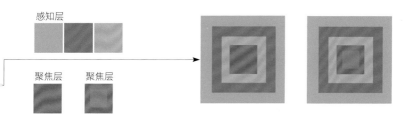

感知层色彩过于强势，聚焦层色彩力量不足，整体信息杂乱，没有明确配色目的。

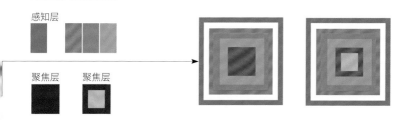

二、突显技法

如何做到有效突显、聚焦、引诱，这与色相、明度、彩度、色温、色调、形状、材质等交织信息的变化密不可分。

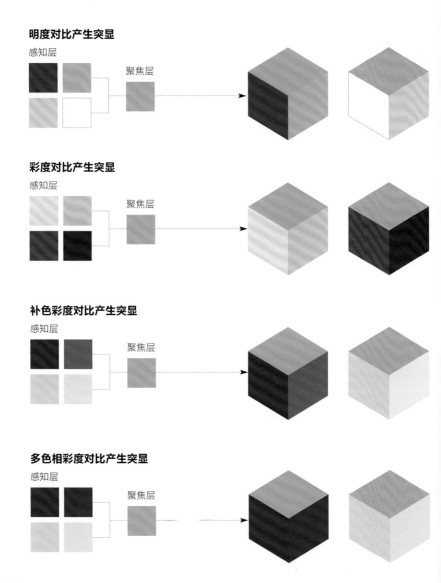

明度对比产生突显

感知层

聚焦层

彩度对比产生突显

感知层

聚焦层

补色彩度对比产生突显

感知层

聚焦层

多色相彩度对比产生突显

感知层

聚焦层

冷暖对比产生突显

感知层

聚焦层

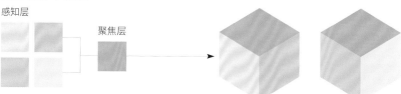

色调对比产生突显

感知层

聚焦层

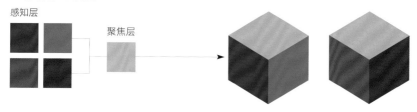

花色与面色对比产生突显

感知层

聚焦层

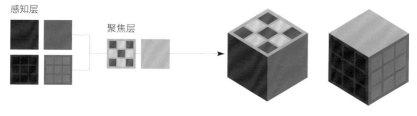

秩序对比产生突显1

感知层

聚焦层

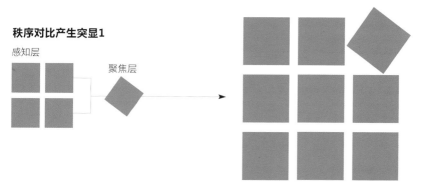

秩序对比产生突显2

秩序对比产生突显3

面积对比产生突显

动静对比产生突显

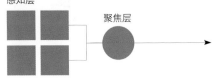

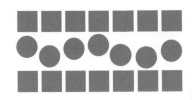

三、突显案例

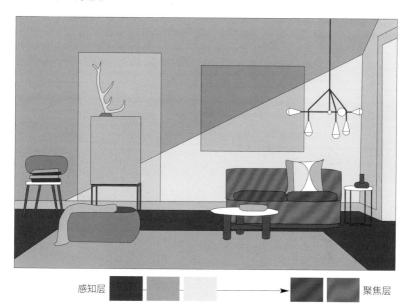

感知层 →→→ 聚焦层

沙发高彩度与无彩空间对比产生突显

感知层 →→→ 聚焦层

沙发通过高明度白色与背景对比产生突显

感知层 ⬛ ⬛ ⬛ ➡ ⬛ ⬜ ⬛ 聚焦层

沙发通过彩度、明度与背景对比产生突显

感知层 ⬛ ⬛ ⬛ ➡ ⬛ ⬛ ⬛ 聚焦层

沙发通过低明度黑色与背景对比产生突显

感知层 ■ ■ ■ → ■ ■ ■ 聚焦层

沙发通过与背景色的对比产生突显的效果

感知层 ■ ■ ■ → ■ ■ ■ 聚焦层

沙发的暖色与背景的冷色对比产生突显的效果

感知层   ——————————————▶   聚焦层

沙发通过使用花色与背景面色对比产生突显

感知层   ——————————▶   聚焦层

沙发通过改变形状与整体直线对比产生突显

第七节 空间变大变小法则

色彩是感性的，也是理性的。在家居配色时，我们往往会忽略一个重要的因素，美只是一个方面，好的配色可以改变空间在视觉上的大小。

下面介绍影响空间视觉大小的五个因素。

上面4组白色底的色块中，比较刺激的有彩色会有前进的感觉。刺激度与纯度、饱和度不同，第3组中虽然蓝与红的饱和度都是100%，但红色的刺激度更强一些

一、色块对比

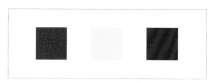

红、黄、蓝在白色底上红色前进感最强

红、黄在黑色底上，黄色前进感变强，蓝色则有后退感

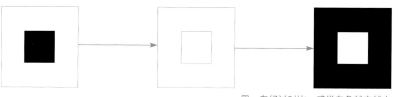

黑、白经过对比，感觉白色越来越大

色块只在有明度、彩度等对比的情况下才能形成前进和后退的感觉，这些是影响空间视觉大小的基本因素。

二、明度结构影响视觉空间大小

第一层墙面用白色，空间有延伸感，视觉空间变大

第一层墙面采用前进型空间结构，视觉空间变小，变紧凑

第一层顶、地面用低明度，顶面会有下沉感，地面会有上升感，上下挤压空间

第一层全部使用低明度色，低沉型结构，空间四周挤压空间

三、彩度结构影响视觉空间大小

第一层墙面用高彩度色，前进感增强，会挤压空间

第一层用高彩度冷色，看上去比暖色舒展一些

第一层顶、地面用高彩度色，顶面会有下沉感，地面会有上升感，上下挤压空间

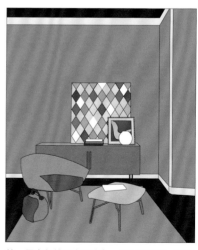

第一层全部使用高彩度色，低沉型结构，空间四周挤压空间

四、补色影响视觉空间大小

第一层墙面用高彩度色，有前进感，挤压空间，沙发有膨胀感，空间会产生动感

五、花色影响视觉空间大小

花色无论出现在哪里，都会有膨胀之感，通常花纹越大、彩度越高，膨胀系数越高

补色对立感越强，动感越强，空间越局促紧张

总结：

影响空间在视觉上大小的因素还有墙体结构、装饰的风格、灯光等。

墙体结构的布局是否合理，隔断是通透型还是半通透型，什么颜色，都对视觉空间有影响。

风格会影响第一、二层花纹的多样性，比如中式风格、欧式风格等，都会让视觉空间变小。

灯光的合理性也是重要因素。其基本原则是把控好基础照明、功能性照明、艺术氛围照明，空间偏暖的用4000K左右的偏中性的光源，空间偏冷用6000K左右的光源，显色性达标即可。

第三章
色相型配色

素美配
自家配
邻里配
远亲配
撞色配
多色相配色

第一节　素美配

根据配色的难易程度，这里按色相型的配色强度来说明配色方向，根据配色目的进行选择。

最容易建立色彩秩序的方法就是使用一类色彩。比如无彩色，信息层比较单纯，配合起来有天然的协调感，可以说是拿来就能用的配色技巧。

我们通常把无彩色称为"协调色"。由于无彩色本身没有生命，要靠周边环境来改变自己的属性，这就要求在配色过程中，要刻意制造家居的温度感。"温度"是无彩色的配色核心。（见第69页）

加入驼色更有温度感

通过冷暖转调改变灰色温度

暖灰

冷灰

可参考的配色方案

素雅的　N-8　Y-B　N-4

温和的　Y-MD　O-MD　R-L

  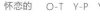

怀恋的　O-T　Y-P　Y-B

融洽的　O-T　Y-P　Y-MD

洒脱的　N-3　B-L　C-B

精致的　O-B　N-8　B-B

安宁的　Y-MD　G-L　G-P

正式的　N-4　N-1　B-SD

精美的　P-B　N-8　C-S

素美的缺点是色彩匮乏，会有单调、冷淡之感，所以配色时要加上具有生命象征的大自然的色彩。比如带有天然花纹的木的颜色，适合任何空间的各种风格。

原木、棉麻、藤编、草席、竹子、石头、皮毛等的颜色是具有生命特质的，以及米色、驼色、咖色、棕色绿色跟自然有关联的色彩，都能对舒适生活进行较好的表达。

素美配色实例1（本页图片来自设计师Ray和Vera位于上海的家/摄影师：雷坛坛）

素美配色实例2

105

素美配色实例3 (本页图片来自设计师高古奇位于北京的家，摄影师：Boris Shiu)

第二节 自家配

配色有时候就是寻求色彩层次感，在杂乱无章中寻找你要的审美答案，一边感知，一边进行艰难的选择，在这些筛选里，比较保守的，比较安全的配色，就是从单相配色开始。

对于情感表达，单色特别精准、直接、简洁、干脆、一目了然。

人们对于单色的解读速度最快。比如，当你看到蓝色时，马上会想到海洋的深邃，天空的通透，自然就会放松安静下来，这就是我们感知信息层的最初经验。

一个单色家族，色调变化万千，加上色相本身的属性，明度、彩度彼此互相影响交织，才能营造出想要的空间氛围，这种配色类型称为自家配。

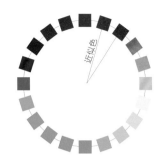

单相就是使用一个家族色彩进行配色，使用近似色也属于这一个范畴

红色单色家族配色

近似色

近似色

一、自家配点法

自家配点法又称高彩点法，指用色调图上某一个调点，点缀空间、提亮空间等，或表达夸张刺激的区域背景色。

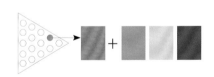

可参考的配色方案

红橙色与无彩
统调配色

红橙色与无彩
突显配色

红橙色与无彩
统调配色

红橙色与无彩
突显配色

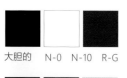
大胆的　N-0　N-10　R-G

严谨的　N-0　N-2　B-G

现代的　G-G　N-10　N-0

高雅的　N-0　P-G　N-2

革新的　N-7　N-10　Bg-M

理性的　N-9　N-10　Bg-F

二、自家配线法

　　色调图上任何一条线的色彩，都可以用于配色，色彩秩序清晰、层次分明。按色彩家族冷暖属性来表现即可。线法和点法适用于所有色相型配色，后面不再做赘述。

　　冷色家族色彩会给人以安静、清凉、平和之感，暖色家族色彩会给人以躁动、温暖、柔美之感。

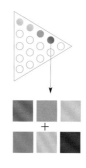

一种色相

可参考的配色方案

红橙色鲜调线法

红橙色浓调线法

红橙色暗浊调线法

红橙色鲜浊调线法

温顺的　R-L　O-P　R-MD

清冽的　C-L　N-10　C-M

自然的　Y-T　N-10　YG-TK

和睦的　R-MD　O-C　O-L

光艳的　P-F　P-TK　P-D

水灵的　C-C　BG-C　BG-D

悠闲的　O-F　Y-L　R-MD

优美的　P-M　P-P　P-L

都市的　B-MD　B-L　B-D

设计师张梓琳的家（摄影师:雷坛坛）

少面积的点法配色更容易有聚焦感，点亮主角区

线法配色会让主角区更加融洽，增加主角的存在感

设计师姜涛为Cissi设计的家（摄影师: Manolo Yera）

每个人都有自己的色彩偏好，有人见到蔚蓝的天空，就觉得心情舒畅；有人见到满山遍野的樱花，便柔情满怀；有人见到火红的玫瑰就激情满满。这都是大面积的色彩带来的魔力。

大面积使用一种蓝色，该空间令人印象深刻，有安定情绪，缓解身心压力的作用

设计师Caitlin与Samuel Dowe-Sande位于摩洛哥的家（摄影师：Nicolas Matheus）

第三节 邻里配

　　配色就是讲述空间的故事。讲好故事就要多色相组合，邻里配色逻辑就是在单相的基础上增加一个色相，以打破单相的单调性，增加色彩层级，让空间的色彩更加丰富，根据配色目的，结合空间的温度，可以从暖的或冷的两个方向来配色。

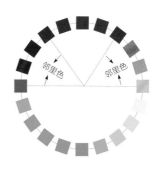

冷暖倾向

以红为主色
橙色为暖的倾向

以红为主色
紫色为冷的倾向

以绿为主色
黄色为暖的倾向

以绿为主色
蓝色为冷的倾向

以蓝为主色
紫色为暖的倾向

以蓝为主色
青色为冷的倾向

以黄为主色
橙色为暖的倾向

以黄为主色
黄绿色为冷的倾向

可参考的配色方案

精致的　　P-B　　P-P　　B-MD

温柔的　　Y-C　　R-C　　P-B

丰满的　　P-T　　R-TK　　O-C

理性的　　G-T　　N-10　　B-T

自然的　　YG-T　　Y-MD　　G-T

秀丽的　　P-L　　B-C　　M-M

性感的　　R-G　　P-C　　P-G

以绿色为主色
配蓝色有冷的倾向

以绿色为主色
配黄色有暖的倾向

用近似色组合为主色，配以高
彩黄色，具有强烈的暖的倾向，
用色相同频法，空间层次会更
加丰富

设计师Roksandallincic位于伦敦的公寓（摄影
师：Belen Imaz）

色相同频

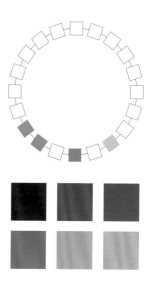

设计师Benny（高骏）位于上海市郊的家（摄影师：雷坛坛）

第四节 远亲配

　　双色相的视觉强度逐渐增强，从自家配、邻里配到远亲配，色相的组合对比在色相环上的距离越来越大，空间氛围更加活泼。配色方法同样参考色彩温度变化来决定色相型的配置。

冷暖倾向

以红为主色
黄色为暖的倾向

以红为主色
青色为冷的倾向

以绿为主色
橙色为暖的倾向

以绿为主色
蓝紫色为冷的倾向

以蓝为主色
红色为暖的倾向

以蓝为主色
黄绿色为冷的倾向

以黄为主色
洋红色为暖的倾向

以黄为主色
蓝绿色为冷的倾向

可参考的配色方案

家居的　O-F　O-L　BG-P

高雅的　P-D　C-MD　P-P

古典的　P-G　O-MD　O-SD

风趣的　R-D　N-7　P-F

无忧无虑的　Y-D　N-10　C-F

秀丽的　O-F　Y-L　YG-D

自然的　O-MD　Y-P　YG-M

黄色和青色(近似色组合) 两个色相明度接
近，力量相当，在配色时最容易统调同频，主
角沙发在深色地毯对比下，显得非常强势，加
上与背景色青色的对比，整体空间略显活泼

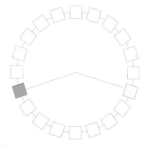

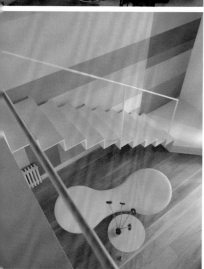

设计师Teresa Sapey位于西班牙阳光海岸马略卡的家（摄影师：Mads Mogensen,陈思蒙）

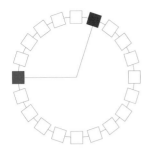

红色少面积对比可以调节气氛

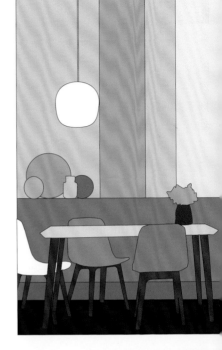

大面积对比让空间氛围更浓烈

设计师TFernando Brandao位于上海的家（摄影师雷坛坛）

第五节 撞色配

双色相配色强度达到极致,空间的表现最刺激,给人的视觉印象也最深刻,适合动感夸张、激情洋溢、张扬活力的主题。我们经常把这种现象称为"撞色"。

在色相环中对应距离较远的都是"撞色"关系,即互补关系。

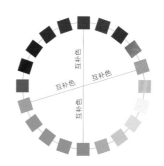

一、常用的撞色类型

红色配绿色

橙色配湛蓝色

黄色配紫色

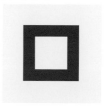

红色配蓝绿

橙色配青色

黄色配蓝紫

红色配黄绿

橙色配蓝色

黄色配红紫

二、撞色的三大功能

1. 解决视觉残像问题

　　倘若盯住下面的红色方块10秒钟，再把视线移到旁边的空白处，你会看到淡淡的蓝绿色。

　　当你的眼睛受到高彩度色或强光的刺激时，如果你再看到其他物体，你会看到与刺激色对应的补色，这就是视觉残像现象。

　　人如果长时间注视高彩度色，将出现眼睛发花的现象，为了解决这一问题，必须用补色加以调节。

　　在医院里，你会发现外科医生穿的衣服、床单等都是蓝绿色，这就是为了避免医生在长时间的手术过程中，因盯着红色血液而眼睛发花，导致手术失误的情况。

这个空间必须要有绿色出现，面积可以根据需要的空间印象来匹配

2.美颜

观察下面饱和度最高的红橙色的效果，可见，在各种配色关系里，补色有增强色彩本身特点的功能。

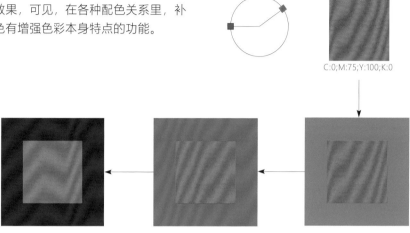

C:0;M:75;Y:100;K:0

3.让空间灵动

高彩度出现在墙面时，视觉上会有前进之感，会对空间造成一种挤压感，如果家具也使用高彩度色，那就会有膨胀感。当挤压感和膨胀感同时出现时就会发生"碰撞"，空间就会有"动"的感觉，这种就是我们看到的不动之动，灵动之美。

右图大面积的红橙色矮柜与花瓶的颜色就是一种碰撞，瞬间让空间鲜活、明亮起来。

可参考的配色方案

复古专家Costanza位于北京CBD的家（摄影师：Philippe Le Berre）

三、撞色的常用技法

撞色搭配最重要的就是化解"撞"的问题，也就是让它们协调、有秩序。通常我们要围绕彩度、明度、色温、面积和无彩来调和"撞"的矛盾。

在常见的补色当中红、绿色力量比较接近，重点调和彩度差和明度差；蓝、橙色在心理情感的冷暖差比较大，重点调节色温差；黄、紫色天然的明度差比较大，重点调节彩度差。

力量平衡组合

C:0;M:100;Y:100;K:0　　C:100;M:0;Y:100;K:0

冷暖平衡组合

C:0;M:50;Y:100;K:0　　C:100;M:50;Y:0;K:0

明暗平衡组合

C:0;M:0;Y:100;K:0　　C:50;M:100;Y:0;K:0

常用的撞色组合调和技法

调和绿色彩度，明度差同时变大

调和红色彩度，明度差同时变大

同时调和红、绿色彩度和明度，色温差接近

调和红、绿色面积比，对抗力量变弱

白色调和，还原彩度，灰色调和，降低彩度

协调色调和，降低彩度，黑色调和，增强力量

可参考的配色方案

 活力的　O-G　N-10　B-G

 革新的　P-C　N-10　G-F

 精致的　O-T　N-8　C-S

 丰润的　P-B　M-M　BG-G

 纯净的　R-L　N-10　G-L

 风流的　Y-B　N-5　P-P

 强壮的　N-0　R-TK　G-H

 柔美的　R-P　N-10　G-P

 聪慧的　P-MD　N-10　Y-L

 考究的　R-G　N-10　BG-M

 亲和的　O-T　Y-P　BG-B

 奢华的　P-TK　Y-G　P-T

蓝、橙色同时调和彩度，色温接近，空间整体变得统一
（本图片来自设计师丁卫东）

原木的颜色属于自然系色彩，但这些色彩属于橙色家族，在配色时想要塑造精致素雅的氛围时，补色搭配是最好的选择。很多设计师在设计中式、美式、北欧等风格空间时，通常会使用蓝、蓝绿色，就是因为这类空间中有大量的原木素材。

德国超模克劳迪娅·希弗(Claudia Schiffer)牛津郡与北安普敦交界处的家（摄影师：Derek Henderson）

用同频统调法，同时改变红、蓝、绿的彩度、明度、色温等，可让空间协调统一。

设计师Marta Ferri设计的位于意大利南部普利亚大区Fasano市Savelletri小镇的酒店（摄影师：Giorgio Baroni）

高彩度统调配色会让空
间灵动之感达到极致

浓调配色，其色彩
冷暖和面积大小不
同会直接影响空间
氛围

第六节 多色相配色

一、三色相配色

三色相组合更加强劲有力，在主对比的两个色相中，再加入一个色相，可在或冷或暖中找到情绪均衡感。

最强势的三原色是三色相组合的铁三角，在红、蓝主色中加入黄色，温度马上高涨起来

当三组色彩面积接近时，空间气氛活泼、欢快、动感十足

以邻近色黄绿为主，空间氛围舒适自然，加入红橙色后，空间变得鲜活起来

设计师Domitilla Lepri 为Brian 和Shaowen夫妇设计位于上海的家(摄影师：雷坛坛)

设计师许溯阳位于杭州的家(摄影师：朱海)

统调

图中青色、黄橙色、黄绿色三个色相明度相当,空间氛围天真、欢快、活泼

突显

图中加入红和洋红后,空间力量增强,视线中心移到红色上,空间氛围变得动荡、热情

设计师Ágatha Ruiz de la Prada 位于马德里的家
(摄影师:Pablo Zamora)

二、四色相配色

四色相想要达到对比效果的极致,那就使用两对互补色。

四色相案例组合

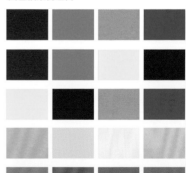

色相越多,越要强调色调的对比变化,第一层浓郁的大面积的背景色给人印象会更深刻,支配空间的力量更强,相反,点缀色用高彩度色,气氛更活跃。

空间三个层次都使用高彩度色,气氛热烈强劲,如都使用低彩度色则安定淡雅。

突显

统调

四色相配色中，在中温色绿和红紫对决中，用暖的红色相和冷的蓝色相做平衡调节，以保持中温配色的温度

统调

设计师Sandra Planken 位于荷兰的家（摄影师：Valenina Sommarva）

设计师Anne 位于上海的家（摄影师：雷坛坛）

三、五色相配色

五色相就是在四色相配色基础上进行色温和层级的调节，目的就是让空间更加丰富和饱满。

右图案例中，当红绿、黄紫的组合完成以后，加入蓝色，对空间可以起到稳定和降温的作用，让空间更加紧凑。相反加入暖色，空间会更加热情和躁动。

降温、安定

升温、躁动

主角区全部围绕高彩度配色，主角的主动性更强，大面积绿色低彩度背景色，相互呼应，整体感觉更统一，秩序更清晰

设计师Giacomo Totti的作品（摄影师：Helenio Barbetta,Living Inside）

四、六色相配色

六色相为全相型配色，也是最强势的组合配色。六色相配色最适合用来打造节日、晚会、展会等华丽、激情四射、热情洋溢的空间氛围，这是其他色相组合无法比拟的。

对比色本就有相互突显的功能，为避免大面积高彩度令空间产生沉闷烦躁之感，白色和玻璃茶几的使用保证了空间的通透感，圆形又能起到安定和呼应的作用。这里不适合使用黑色和灰色，前面讲过，黑色会增加空间的沉闷感，灰色会让空间色彩彩度降低，这两者都会破坏空间印象。

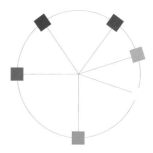

这个案例中使用了最刺激的高彩度红色作为第一层背景色，地毯用绿色与之对比，其他层级用橙色和蓝色、黄色和紫色高彩度组合，所有色彩组合同频统调，拉开对比组的面积比，最后又加入平衡色白色，让整体空间对比强度达到巅峰状态。

设计师Anthony Baratta佛罗里达州的家（摄影师：Arturo Zavala Haag

色相型配色视觉强度对照表

色相类型	素美配	自家配	邻里配	远亲配	撞配	三色相搭配	四色相搭配	五色相搭配	六色相搭配
强度类型	最弱	弱	小	中	强	强	高强	高强	最强
配色效果	内敛或协调	协调或醒目	协调或丰富	活泼或跃动	动感或强劲	强劲或调节温度	强劲或饱满	强劲或调节温度	强劲或开放
色相环红色关系参考									
以红色相为例									
围绕红色相冷关系参考									
围绕红色相暖关系参考									

130

第四章
打动人心的配色

第一节 色彩印象与配色的关系

不同的色彩印象，给人的心理感觉是不一样的，这些会伴随着语言、视觉和心理信息同时存在，好的印象配色就是找到这些精准的"感觉"。

色彩印象要关联色彩的象征、联想、生理、心理体验（明暗、味道、声音、质感、重量、数量、名称）等诸多因素。

轻与重——明暗感

明度高的色彩给人的感觉很轻，明度低的色彩给人的感觉很沉重，色相家族里黄色最轻，蓝色最重

软与硬——力量感

明度高的色彩给人的感觉很软，明度低的色彩给人的感觉很硬，冷色给人的感觉硬，暖色给人的感觉软

冷与暖——心理感

色相环色彩家族中以橙色为中心的让人感觉温暖，以青色为中心的让人感觉寒冷，黑色和白色比灰色给人的感觉冷

大与小——重量感

膨胀的颜色使视觉空间偏大，而且有前进感，收缩的颜色使视觉空间偏小

浓与淡——味道感

浓郁的色调看上去浓厚，清亮的色调看上去清淡

男人与女人——象征性

冷色的深色暗浊色调更像男人，轻柔的暖色调更像女人

春天与夏天——联想

自在色调的黄、绿色让人感到春天青草的芬芳，强劲色调的红、橙色更像夏天绚烂的花朵

快乐与悲伤——心理感

快乐的能量色彩让人开心，单调乏味的暗调让人伤心

动与静——心理感

活力四射的色彩让人感到有动感，冷感的色彩让人安静

甜与苦——味道感

奶油、巧克力、面包的色彩让人感到甜美，中药的色彩让人感觉苦涩

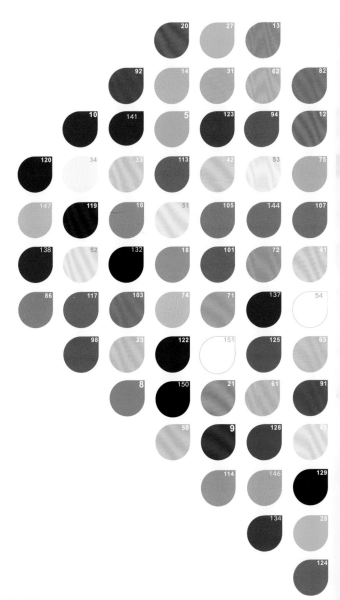

色彩测试卡 （用法见第136页）

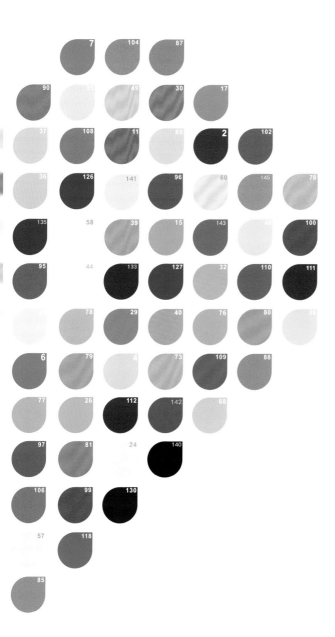

第二节 找到你心中的喜好色

如何找到你心中的色彩呢？最快的方法就是用色彩测试法，找到你的喜好色。

不要长时间思考分析，凭第一直觉在（第P134页和第135页）图中选择10种喜欢的颜色，然后再选5种讨厌的颜色。

选完喜好色以后，可以按编号找到锦木151色调体系，在电脑上调出相应色块来排版（见第172页）。

也可以购买专用色卡练习册，用剪刀剪出色块贴在白纸上，每个色块的长不能小于3厘米。

第三节 喜好色分类法

（1）根据色调的鲜艳、清亮、鲜浊、浑浊、浓郁感来分组。

清调

鲜调

浓调

浊调

（2）根据色相倾向来分。

淡紫色

紫色

绿色

青色

（3）根据冷暖来分。

暖

冷

（4）按有彩和无彩色来分。

有色彩

无色彩

（5）对照九宫印象来分（第138页和第139页）。

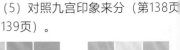
愉悦的

自然温和的

动感的

理性的

第四节 喜好色分析

九宫格印象坐标（第138页和第139页）可作为喜好色分析的参照图。

案例：

某人喜好色：

a.闲适的、动感的

b.安静的、清爽的

c.自然的、温和的

d.

某人讨厌色：

说明：

a代表主印象色，也代表其最喜欢的一组印象，使用时可灵活运用，b、c、d代表次要印象，做辅助色或者用来单独打造空间。某人讨厌色除了自然色系以外在配色时尽量不使用

a.闲适的、动感的

b.安静的、清爽的

c.自然的、温和的

从前面的分析可以看出，这组喜好色可以匹配九宫印象坐标的三个区域，分别是4、5、6号的强劲区、温和区、安静区。

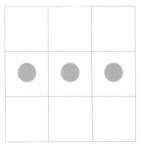

配色坐标

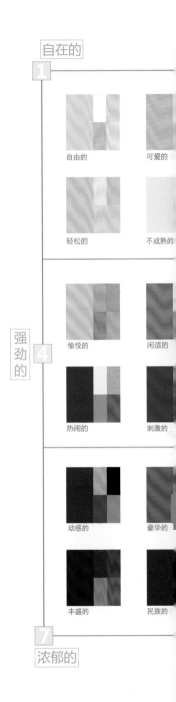

自在的

1

自由的　　　可爱的

轻松的　　　不成熟的

强劲的

4

愉悦的　　　闲适的

热闹的　　　刺激的

动感的　　　豪华的

丰盛的　　　民族的

7

浓郁的

138

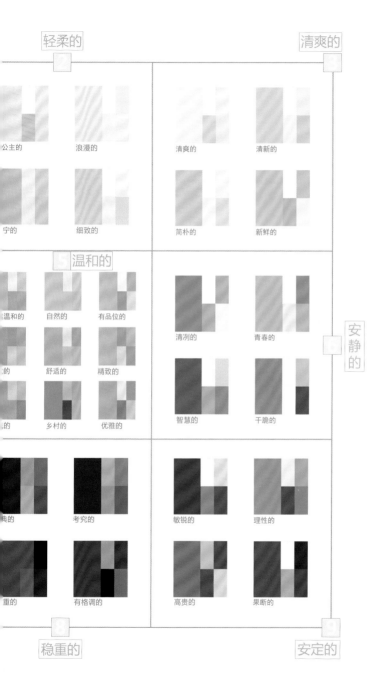

公主的　　　　浪漫的

清爽的　　　　清新的

宁的　　　　细致的

简朴的　　　　新鲜的

温和的

温和的　　自然的　　有品位的

清冽的　　　　青春的

的　　舒适的　　精致的

的　　乡村的　　优雅的

智慧的　　　　干脆的

安
静
的

典的　　考究的

敏锐的　　　　理性的

重的　　有格调的

高贵的　　　　果断的

九宫格印象坐标

每个家庭的成员结构不同，做家居色彩设计时应按照具体情况展开测试，根据每个人的喜好色分析出共同喜好色，应用到公共空间中。比如客厅、餐厅、玄关、主卧、休闲区等。个人的私密空间按各自的喜好色来打造，比如书房、儿童房、老人房等。

　　测试中发现，不管是夫妻还是家人、朋友、同事、恋人、还是合作伙伴，喜好色相似度越高，其相处越融洽。

家庭测色案例

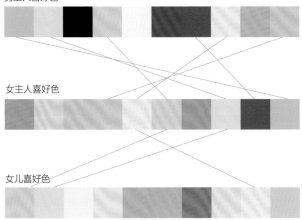

家庭共同喜好色

男、女主共同喜好色，适合用在主卧室

一家人共同喜好色，适合用在客厅

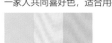

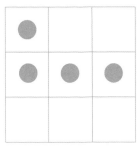

配色坐标

第五节 空间色彩定位

喜好色配色的关键是找到配色方向，不是把所有喜好色都用到空间里，而是根据空间印象做取舍。确定共同喜好色以后要进行二次组合，结合常用色、自然色来定位空间色彩。

喜好色可大用，可小用，在过去，有20%的家庭是不使用喜好色的，他们更倾向于使用有温度的无彩色和自然色系。

色彩定位参考案例

客厅

主卧室

女儿房

男主书房

第六节 制作配色情绪板

在实际配色中，受面积、形状、材质、花纹、光线等影响，选定的喜好色会发生明暗变化，为了让家居空间更加丰富，需要在喜好色的基础上做色彩的冷暖转调，扩展更多色彩来供选择，让色彩倾向性一致，达到协调空间印象的目的。

选定的色彩印象主色

清爽的

温和自然

可爱的

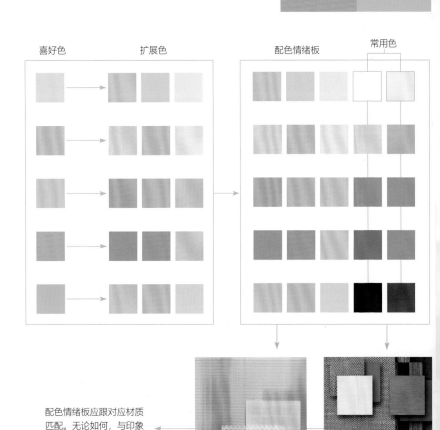

喜好色　　　扩展色　　　　　配色情绪板　　　常用色

配色情绪板应跟对应材质匹配。无论如何，与印象一致的配色才是最成功的

第七节 配色的多种可能

如果你是一名设计师，在完成一系列的色彩分析后，通常可以按测试者的喜好先找出对应的意向方案，沟通成功后再完成具体配色方案。

对于家居设计而言，不宜使用过多色彩，选用1~2个色相加入临近色展开最为恰当，多使用自然舒适的材质与之呼应，个性夸张的色彩不要用在卧室。

因为高彩度色会刺激人的视觉，给人带来心理影响，会不自觉地对睡眠造成影响。有色彩专家做过这样的实验，在相同条件下，把一个人分别先关在红色和白色房间里24小时，再在关灯黑暗条件下测试其血液流速，呆在红色房间会使血液流速加快2%左右，可见色彩的刺激对我们的而影响非常大。色彩对人生理的影响见第145页。

用共同喜好色做第一层背景色

突显　　　　　统调

   温和自然的

温和自然的

可爱的

清爽的

色彩对生理的影响对照表

色名	色彩	生理的反应	刺激的部位	作用	效果
洋红		分泌雌激素、黄体素	腺垂体	促进血液循环	快乐、有活力
红色		分泌肾上腺素	循环系统	促进血液循环	兴奋、热情
红橙色		分泌胰岛素	自律神经	拒绝酒精	促进健康
橙色		分泌胃促生长素	自律神经	增进食欲	促进食欲积极进取
黄色		分泌内啡肽	自律神经	开心、镇痛	愉悦
黄绿色		分泌生长激素	自律神经	促进成长	成长
绿色		分泌乙酰胆碱	脑下垂体	消除压力	安心
青色		分泌血清张力素	去甲肾上腺素能神经元	血液的生成	安心集中注意力
蓝色		抑制多巴胺	自律神经	抑制食欲	安定集中注意力
紫色		分泌去甲肾上腺素	去甲肾上腺素能神经元	危险警报	恐惧、不快
白色		分泌感光色素	下丘脑	肌肉紧张	上进心
黑色		减少感光色素	下丘脑	无	安定、抑郁

本图来自于日本南云治嘉《数字色彩》

第八节 九宫格印象配色

一、自在型

自在型配色印象信息层特点：无拘无束，沉浸在自由自在的氛围当中；心情愉悦，活得舒舒服服；放松的假期，自然健康，心旷神怡；儿童房的温暖可爱，妙趣横生；香甜的蛋糕、冰淇淋，令人激动；清新、欢快之感。

色调区间

九宫格印象坐标区

常用配色方案

快活的　O-D　Y-F　C-F

可爱的　M-F　Y-L　C-F

怜爱的　Y-C　R-C　R-L

孩子气的　M-C　Y-C　BG-C

快乐的　R-F　Y-F　G-F

高兴的　YG-C　M-C　C-F

青春的　Y-F　YG-D　C-F

轻松的　O-F　Y-L　YG-F

自在的　YG-F　Y-L　G-F

无忧无虑的　R-C　R-L　BG-L

欢快的　P-C　C-D　Y-D

甜美的　R-C　Y-F　O-F

统调

统调

突显

突显

自在型配色实例魔幻般地体现了温和可爱、妙趣横生、自由快乐、无拘无束的主题。该实例统一采用清亮色调，与色块传达的信息印象一致。自在型配色特别适合表现青少年的居住空间，男孩以蓝色、绿色等偏冷的明亮色调为主，女孩以粉色、橙色、黄色等偏暖的明亮色调为主，不能过于强烈，以营造出欢快活泼的氛围为目的。

方案与印象一致：可爱的

设计师Doug Meyer位于纽约切尔西区的家（摄影师：Stephan Julliard）

二、轻柔型

轻柔型配色印象信息层特点：年轻的、朝气蓬勃的氛围；像棉花糖一样温柔可爱；清新自然的；婚纱影楼的浪漫之旅；小公主的梦想天堂；温柔、圣洁、令人怜爱；像玩具一样可爱；平静、放松、舒缓让人陶醉；明亮、纯净、轻盈、甜美。

色调区间

九宫格印象坐标区

常用配色方案

温情的　R-L　N-10　G-L

心动的　R-L　R-C　G-L

清雅的　G-L　N-10　BG-L

童话的　M-L　Y-L　C-L

有趣的　P-P　C-L　N-9

浪漫的　P-L　C-L　G-L

童话的　M-L　Y-L　C-L

娇美的　P-F　P-L　BG-L

美好的　M-C　G-L　P-L

柔美的　P-C　P-L　BG-F

素雅的　R-L　N-9　G-L

楚楚动人的　M-C　R-L　C-L

纯净的　R-L　N-10　G-L

自由的　O-L　Y-L　YG-L

统调

统调

突显

突显

148

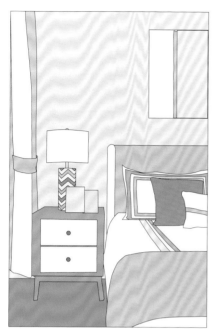

用红色、紫色、橙色等轻柔、明亮的色调，营造出了甜美天真、朦胧浪漫的空间氛围，使用轻柔型配色方式，明亮柔和的色调给人梦幻的舒适之感。

小公主的

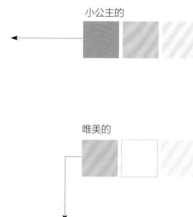

唯美的

设计师Iker Ochotorena位于马德里的公寓（摄影师：Montse Garriga）

三、清爽型

　　清爽型配色印象信息层特点：就像泉水一样清澈、清凉柔美、自然清新；薄荷的清香在春风中飘过，像年轻人一样朝气蓬勃；水灵给人以纯朴、洒脱、高雅、柔软之感。

色调区间

九宫格印象坐标区

常用配色方案

洒脱的　　N-3　B-L　B-C

理性的　　N-2　B-C　B-F

清澈的　　BG-L　N-10　B-C

清新的　　BG-C　N-10　YG-F

惬意的　　G-D　YG-L　BG-C

清雅的　　BG-C　N-10　BG-F

细致的　　B-P　N-9　P-P

清冽的　　C-C　N-10　B-C

清朗的　　BG-F　N-10　C-C

清爽的　　C-C　N-10　B-C

理性的　　N-0　N-10　BG-F

静美的　　C-L　N-10　BG-F

爽快的　　YG-D　Y-L　BG-F

精准的　　C-T　B-P　B-T

统调

统调

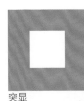

突显

突显

150

清新明快的色彩通常偏冷。冷色家族最轻柔的亮色调给人清爽的感觉。淡淡的蓝色、白色配以自然色，给人轻快的感觉。

清爽舒适的

清爽型配色案例

四、强劲型

强劲型配色印象信息层特点：生机勃勃、动感十足；热情洋溢、心情愉悦；个性十足、妙趣横生；富丽堂皇、气氛热烈；华丽鲜艳、妖艳妩媚；繁花锦簇、姹紫嫣红。

色调区间

九宫格印象坐标区

常用配色方案

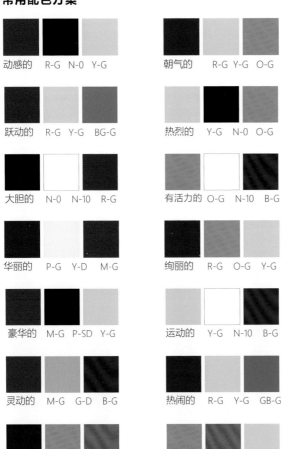

动感的　R-G　N-0　Y-G

朝气的　R-G　Y-G　O-G

跃动的　R-G　Y-G　BG-G

热烈的　Y-G　N-0　O-G

大胆的　N-0　N-10　R-G

有活力的　O-G　N-10　B-G

华丽的　P-G　Y-D　M-G

绚丽的　R-G　O-G　Y-G

豪华的　M-G　P-SD　Y-G

运动的　Y-G　N-10　B-G

灵动的　M-G　G-D　B-G

热闹的　R-G　Y-G　GB-G

浓艳的　P-TK　O-G　R-M

丰满的　O-G　R-M　Y-G

统调

统调

突显

突显

所有色彩都有它独特的一面，高
彩度的鲜调最有辨识度，大胆的配色
最能体现家的个性，也许用色彩打破
家的宁静是对生活的另一种诠释。

跃动的

强劲型配色案例（蔡蔡的家，摄影师：雷坛坛）

五、温和型

温和型配色印象信息层特点：心情舒畅、自然舒适、岁月静好；优雅时尚、平静舒缓；细腻内敛、有品位；精雕细琢、精致细腻；典雅保守、变化微妙；洒脱自然、流利舒畅、丰盈平静；举止文雅、富有理性。

色调区间

九宫格印象坐标区

常用配色方案

朴素的　Y-L　G-P　N-7

安静的　N-7　B-P　G-B

家居的　O-C　O-L　G-P

素雅的　P-B　N-7　G-B

柔美的　R-P　N-10　G-P

洒脱的　G-B　N-10　B-T

风流的　Y-B　N-5　P-P

怀旧的　O-P　R-B　R-T

素静的　N-2　Y-B　N-4

精致的　P-P　R-B　N-5

怀恋的　O-T　Y-P　Y-B

细腻的　R-B　P-P　P-L

和睦的　R-MD　O-C　O-L

温顺的　O-L　O-P　R-MD

统调

统调

突显

突显

154

温和型配色案例（本页图片来自丁卫东）

六、安静型

安静型配色印象信息层特点：理性风雅、精练；朝气蓬勃、对未来充满期待；懵懂少年心、青春洋溢；流畅爽快、雷厉风行；清爽甘甜、洒脱自如；鲜明、整洁、心情舒畅；尖锐、高科技、时尚先进。

色调区间

九宫格印象坐标区

常用配色方案

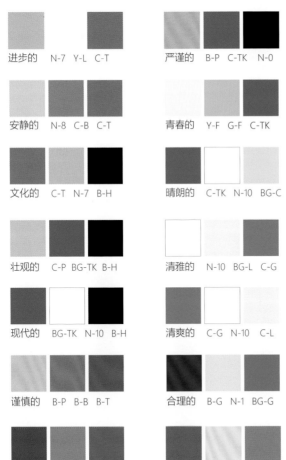

进步的　N-7　Y-L　C-T

安静的　N-8　C-B　C-T

文化的　C-T　N-7　B-H

壮观的　C-P　BG-TK　B-H

现代的　BG-TK　N-10　B-H

谨慎的　B-P　B-B　B-T

理性的　N-2　C-B　B-M

严谨的　B-P　C-TK　N-0

青春的　Y-F　G-F　C-TK

晴朗的　C-TK　N-10　BG-C

清雅的　N-10　BG-L　C-G

清爽的　C-G　N-10　C-L

合理的　B-G　N-1　BG-G

洒脱的　N-3　B-L　C-B

统调

统调

突显

突显

安静型配色案例（本页图片来自设计师Fabrizio Gurrado/摄影师：雷坛坛）

七、浓郁型

浓郁型配色印象信息层特点：感官刺激的民族风情；丰盈充实的华丽感；妖艳妩媚、婀娜多姿、魅力无穷，异域风情，充满泥土气息。

色调区间

九宫格印象坐标区

常用配色方案

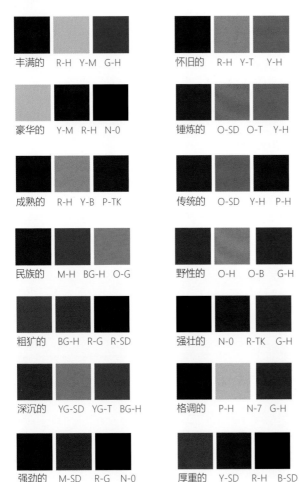

丰满的　R-H　Y-M　G-H

怀旧的　R-H　Y-T　Y-H

豪华的　Y-M　R-H　N-0

锤炼的　O-SD　O-T　Y-H

成熟的　R-H　Y-B　P-TK

传统的　O-SD　Y-H　P-H

民族的　M-H　BG-H　O-G

野性的　O-H　O-B　G-H

粗犷的　BG-H　R-G　R-SD

强壮的　N-0　R-TK　G-H

深沉的　YG-SD　YG-T　BG-H

格调的　P-H　N-7　G-H

强劲的　M-SD　R-G　N-0

厚重的　Y-SD　R-H　B-SD

统调

统调

突显

突显

来自国内旧货市场和印度、西班牙、德国、柬埔寨等世界各地的装饰品组成了别样风情的装饰风格，古典的、民族的、浓郁色调的丰富感是这个设计的灵魂。

仿佛一个穿越了时代的魔术师，从历史的重重帷幕里走来，捡起那些过去年代的碎片，在浮躁的年代，借着霓裳点缀了金玉陶瓦。

   民族的

   粗犷的

浓郁型配色案例（本页图片来源于网络）

八、稳重型

稳重型配色印象信息层特点：素雅稳重中透着贵气；平静典雅、古色古香、耐人寻味；工艺精湛、品德高尚；令人回味的时代感；沉着、具有优良的传统；丰盈平和、具有男人的气质。

色调区间

九宫格印象坐标区

常用配色方案

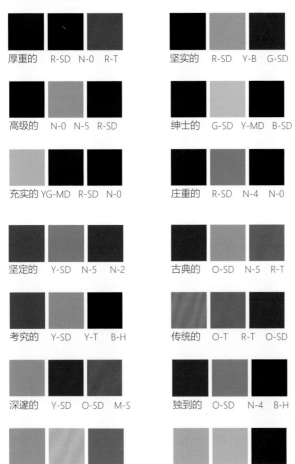

厚重的　R-SD　N-0　R-T

坚实的　R-SD　Y-B　G-SD

高级的　N-0　N-5　R-SD

绅士的　G-SD　Y-MD　B-SD

充实的　YG-MD　R-SD　N-0

庄重的　R-SD　N-4　N-0

坚定的　Y-SD　N-5　N-2

古典的　O-SD　N-5　R-T

考究的　Y-SD　Y-T　B-H

传统的　O-T　R-T　O-SD

深邃的　Y-SD　O-SD　M-S

独到的　O-SD　N-4　B-H

致密的　N-5　B-P　N-3

幽雅的　N-5　YG-MD　R-SD

统调

统调

突显

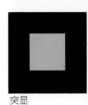

突显

稳重型配色案例（德国超模Claudia Schiffer的家　摄影师：Simon Upton）

九、安定型

安定型配色印象信息层要点：平稳、安定、单调、具有现代感和科技感；具有独特的个性、气质；品质优良、沉重、富有魅力；严肃庄严、具有仪式感、有钢铁般的意志；果断、潇洒、理性、稳重；举止文雅、风度翩翩；坚韧，值得信赖。

色调区间

九宫格印象坐标区

常用配色方案

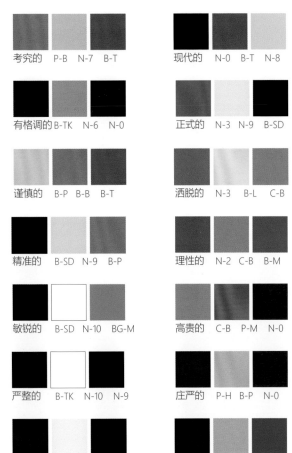

考究的　P-B　N-7　B-T

现代的　N-0　B-T　N-8

有格调的　B-TK　N-6　N-0

正式的　N-3　N-9　B-SD

谨慎的　B-P　B-B　B-T

洒脱的　N-3　B-L　C-B

精准的　B-SD　N-9　B-P

理性的　N-2　C-B　B-M

敏锐的　B-SD　N-10　BG-M

高贵的　C-B　P-M　N-0

严整的　B-TK　N-10　N-9

庄严的　P-H　B-P　N-0

精锐的　P-SD　C-L　B-TK

坚实的　P-SD　N-6　C-TK

统调

统调

突显

突显

化繁为简的空间格局，在极简的基底上克制地做加法，一点一滴累积出生活的平静滋味。每个人都可以通过色彩以自己喜欢的方式与世界发生关联，简单、顺畅、宁静的空间可以帮助人进入很好的状态，去掌控这个世界。

正式的

安定型配色案例（本页图片来自设计师丁卫东）

第九节 九宫格印象连接形与质

在室内设计中，除了色彩定位的准确以外，还要的考虑空间中的形状、纹样、肌理等是否与色彩匹配。通过对九宫格印象的感性认知，我们可以很好地进行整体配色。

九宫格印象坐标

形状、材质、花纹
九宫格印象的定位

形状是休闲的、动感的
质感是随性的、个性的
花纹是多样的、多变的

形状是纤细的、薄透的、明快的
质感是轻柔的、蓬松的
花纹是细致的、流畅的、淡雅的

1.轻柔的

2.简洁的

形状是简洁的、质朴的
质感是自然的、清新的
花纹是干净利落的

3.个性的

4.中性的

形状是雅致的、古典的
质感是精致的、自然的
花纹是致密的、细腻的

6.现代的

5.古典的

形状是现代的、时尚的
质感是机械的、硬朗的
花纹是规则的、单一的

形状是厚重的、传统的
质感是高级的、有格调的
花纹是古典的、精致考究的

一、轻柔的室内软装陈设参考图样

设计方向：简洁、纤细 、薄透、明快、唯美、柔和、圆润、曲线的家具形状；平静、甜美、淡淡水彩画般的细小纹样；轻盈、蓬松、自然、丝滑、鹅绒般的装饰品。

九宫格印象坐标区

家具、饰品、纹样

二、简洁的室内软装陈设参考图样

设计方向：不能用过于夸张、个性和复杂的装饰品；简洁、明快、清晰、质朴的直线家具；清淡、素雅、自然的色彩纹样。

九宫格印象坐标区

家具、饰品、纹样

三、个性的室内软装陈设参考图样

设计方向：能彰显个性的、夸张、奇特、好玩的装饰品；纹样有动感、时尚、刺激、手绘等多样的选择；形状大多为直线结合曲线的个性家具，不拘泥于风格和素材的选择。

九宫格印象坐标区

家具、饰品、纹样

四、中性的室内软装陈设参考图样

设计方向：最适合打造家居氛围，家具可以温和自然，不要花纹过分修饰；也可以选用精致细腻的纹样、做工精良的组合；还可以优雅稳重，选择新时尚的古典花纹，光滑细腻的质感。

九宫格印象坐标区

家具、饰品、纹样

五、古典的室内软装陈设参考图样

设计方向：多用于传统的中式、美式、法式、乡村等风格；浓郁厚重的古典花纹；多运用稳重、传统、精致、有格调、高级、原木、皮革质感的素材。

九宫格印象坐标区

家具、饰品、纹样

六、现代的室内软装陈设参考图样

设计方向：现代感、科技感、机械感、硬朗的简单造型；少花纹、少色彩，更注重形与质感的结合；金属、石材、磨砂玻璃、皮革、烤漆等亚光感、细腻的工艺。

九宫格印象坐标区

家具、饰品、纹样

常用印象词

温润的	伶俐的	纯净的	温柔的	浪漫的	纯真的
开朗的	轻松的	轻柔的	抒情的	童话般的	清纯的
快乐的	自由自在的	楚楚动人的	机敏的	和平的	淡泊的
高兴的	无忧无虑的	甜美的	淡雅的	稚嫩的	简朴的
自在的	有亲和力的	坚定的	有情趣的	温顺的	不加修饰的
愉快的	田园的	柔和的	高尚的	安宁的	水灵灵的
风趣的	开放的	柔软的	优美的	细致的	明亮的
阳光的	大方的	融洽的	温和的	柔美的	健康的
快活的	绚丽的	家居的	女性化的	娇美的	惬意的
活跃的	敏锐的	细腻的	雅致的	端庄的	鲜活的
闲适的	强劲的	老练的	温文尔雅的	有品位的	安稳的
有生气的	庄重的	舒适的	风流的	含蓄的	微妙的
朝气蓬勃的	严肃的	放松的	幽雅的	华美的	谨慎的
鲜艳的	灿烂的	进步的	朴素的	现代化的	随意的
热闹的	高贵的	温和的	秀丽的	优雅的	安静的
暗浊的	娇媚的	悠然自得的	怀恋的	有格调的	质朴的
和睦的	娇艳的	新鲜的	正宗的	洗练的	精致的
充满活力的	华丽的	自然的	古风的	精美的	潇洒的
跃动的	粗犷的	阳刚的	潜心的	娴静的	都市气息的
进取的	浓郁的	坚韧的	深邃的	萧瑟的	知性的
主动的	独到的	魅惑的	怀旧的	素雅的	冷静的
朦胧的	丰满的	性感的	古典的	绅士的	洒脱的
大胆的	豪华的	富于装饰性的	稳重的	深沉的	安定的
刺激的	奢华的	丰润的	厚重的	考究的	凛然的
热烈的	浓郁的	成熟的	高雅的	丰富的	男子汉的
激烈的	神圣的	充实的	人工的	文化气息的	轻快的
强烈的	强劲的	坚实的	严谨的	正统的	青春的
动感的	坦诚的	健壮的	清新的	清爽的	青春洋溢的
力动的	正式的	庄严的	清净的	清朗的	悠闲的
精力旺盛的	肃穆的	清澈的	清澈的	清冷的	清冽的
可爱的	迅捷的	清雅的	精确的	致密的	运动的
孩子气的	现代的	革新的	合理的	传统的	理性的

1M/洋红	洋红色 M-G C0M100Y0K20	梅红色 M-M C0M70Y0K25	桃色 M-D C0M70Y0K0	荷花色 M-F C0M50Y0K0	紫薇花色M-C C0M30Y0K0	浅粉莲花M-L C0M15Y0K0	薄雾兰花 C0M15Y
3R/红色	中国红 R-G C0M100Y100K20	妃色 R-M C0M70Y35K0	银红色 R-D C0M70Y35K0	嫣红色 R-F C0M50Y25K0	十样锦 R-C C0M30Y15K0	肉粉色 R-L C0M15Y7.5K0	甘石粉 C0M15Y
5O/橙色	橘黄色 O-G C0M50Y100K10	柿橙色 O-M C0M35Y70K25	柘zhe木黄O-D C0M35Y70K	杏色 O-F C0M25Y50K0	奶油香橙O-C C0M15Y30K0	白茶色 O-L C0M7.5Y15K0	大理石 C0M7.5
7Y/黄色	金黄色 Y-G C0M0Y100K10	蛋黄色Y-M C0M0Y70K25	帝王黄 Y-D C0M0Y70K5	细色Y-F C0M0Y50K0	金凤花色Y-C C0M0Y30K0	奶黄色 Y-L C0M0Y15K0	立德粉 C0M0Y
9YG/黄绿	嫩草色 YG-G C50M0Y100K20	豆绿YG-M C35M0Y70K25	柳绿色 YG-D C35M0Y70K0	豆绿色 YG-F C25M0Y50K0	艾绿色YG-C C15M0Y30K0	清风绿 YG-L C7.5M0Y15K0	素色 M C7.5M0
11G/绿	孔雀绿 G-G C100M0Y100K20	中绿G-M C70M0Y70K25	巴黎绿 G-D C70M0Y70K0	果糖绿 G-F C50M0Y50K0	石绿 G-C C30M0Y30K0	平静绿 G-L C15M0Y15K0	密瓷色 C15M0Y
13BG/蓝绿	翠绿色 BG-G C100M0Y50K20	碧色 BG-M C70M0Y35K25	松石蓝BG-D C70M0Y35K0	青绿色 BG-F C50M0Y25K0	水蓝色 BG-C C30M0Y15K0	清溪蓝BG-L C15M0Y7.5K0	娜伊亚德 C15M0Y
15C/青色	天蓝色C-G C100M0Y0K20	湛蓝色 C-M C70M0Y0K25	蔚蓝色C-D C70M0Y0K0	天青色C-F C50M0Y0K0	湖蓝色 C-C C30M0Y0K0	月白色 C-L C15M0Y0K0	雾色 C- C15M0Y
17B/蓝色	普蓝 B-G C90M90Y0K20	赛船蓝 B-M C70M50Y0K25	自由蓝 B-D C70M50Y0K0	浪漫蓝 B-F C50M30Y0K0	月色蓝 B-C C30M15Y0K0	优雅蓝 B-L C15M7.5Y0K0	阴霾蓝 C15M7.
19P/紫色	紫罗兰 P-G C50M100Y0K20	激情粉 P-M C35M70Y0K25	靓丽粉 P-D C35M70Y0K0	桃色 P-F C25M50Y0K0	海索草 P-C C15M30Y0K0	清香粉 P-L C7.5M15Y0K0	木槿丁香 C7.5M15
无彩色	黑色N-0 C0M0Y0K100	墨黑 N-1 C0M0Y0K90	深灰色 N-2 C0M0Y0K80	柴火灰 N-3 C0M0Y0K70	中灰色 N-4 C0M0Y0K50	银鼠灰 N-5 C0M0Y0K60	水泥灰 C0M0Y

172

M-B 0Y0K50	甘薯紫 M-S C0M30Y0K70	丁香花 M-MD C0M30Y0K25	天芥菜紫 M-T C0M50Y0K50	奇幻紫 M-TK C0M100Y0K40	香水草 M-H C0M100Y0K60	绛紫 M-SD C0M100Y0K80
R-B 0Y10K50	缁色 R-S C0M30Y15K70	兰花色 R-MD C0M30Y15K25	釉红 R-T C0M50Y25K50	丹红 R-TK C0M100Y100K40	殷红 R-H C0M100Y100K60	酒红 R-SD C0M100Y100K80
O-B 0Y20K50	陶器棕 O-S C0M15Y30K70	深米色 O-MD C0M15Y30K25	巧克力奶昔 O-T C0M25Y50K50	金盏花橙 O-TK C0M50Y100K40	黄土棕 O-H C0M50Y100K60	赤土棕 O-SD C0M50Y100K80
Y-B 0Y20K50	猎人卡其 Y-S C0M0Y30K70	蜡黄 Y-MD C0M0Y30K25	旧卡其 Y-T C0M0Y50K50	金箔黄 Y-TK C0M0Y100K40	复古橄榄绿 Y-H C0M0Y100K60	秋色 Y-SD C0M0Y100K80
YG-B 0Y20K50	鲁本斯绿 YG-S C15M0Y30K70	水苏绿 YG-MD C15M0Y30K25	侏罗纪绿 YG-T C25M0Y50K50	绿光色 YG-TK C50M0Y100K40	草坪绿 YG-H C50M0Y100K60	老绿 YG-SD C50M0Y100K80
G-B 0Y20K50	高地绿 G-S C30M0Y30K70	青瓷绿 G-MD C30M0Y30K25	隆达绿 G-T C50M0Y50K50	孔雀石绿 G-TK C100M0Y0K40	薄荷 G-H C100M0Y100K60	墨绿 G-SD C100M0Y100K80
BG-B 0Y10K50	倒影绿 BG-S C30M0Y15K70	美人鱼蓝 BG-MD C30M0Y15K25	海绿 BG-T C50M0Y25K50	生命绿 BG-TK C100M0Y50K40	几内亚绿 BG-H C50M0Y50K60	幽深绿 BG-SD C100M0Y50K80
C-B Y0K50	绒蓝 C-S C30M0Y0K70	水影蓝 C-MD C30M0Y0K25	萨克斯蓝 C-T C50M0Y0K50	石青 C-TK C100M0Y0K40	钴蓝 C-H C100M0Y0K60	海蓝 C-SD C100M0Y0K80
B-B 5Y0K50	月夜靛蓝 B-S C30M15Y0K70	无声蓝 B-MD C30M15Y0K25	蓝莓紫 B-T C50M40Y0K50	绀青 B-TK C100M100Y0K40	深邃蓝 B-H C100M100Y0K60	午夜蓝 B-SD C100M100Y0K80
P-B Y0K50	葡萄紫 P-S C15M30Y0K70	卡特米兰 P-MD C15M30Y0K25	李子紫 P-T C25M50Y0K50	爵士紫 P-TK C50M100Y0K40	魔力紫 P-H C50M100Y0K60	藏黑蓝 P-SD C50M100Y0K80
N-7 0K30	浅灰色 N-8 C0M0Y0K20	雪灰色 N-9 C0M0Y0K10	瓷白色 N-10 C0M0Y0K0			

配色训练

1. 方案部分自行购买彩色铅笔完成训练。

2. 色块部分用电脑或使用配套练习册完成训练。

学习思考

1、什么是无彩色？

2、无彩色冷暖搭配的原则？

3、无彩色有哪些功能？

4、无彩色有哪些特点？

5、无彩色在空间中扮演哪些身份？

学习作业1

1.尝试找出你身边偏冷感或暖感的无彩色产品。

2.尝试用彩色铅笔完成下面两组配色方案，根据配色目的可以加入无彩色和有彩色。

学习思考

1、有彩色有哪几种？

2、高彩度的配色有什么特点？

3、中彩度的配色有什么特点？

4、低彩度的配色有什么特点？

学习作业2

尝试用彩色铅笔完成下面三组配色方案，根据配色目的可以加入无彩色。

高彩度配色

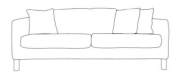 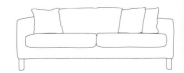

中彩度配色

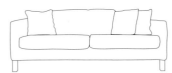 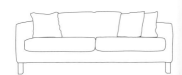

低彩度配色

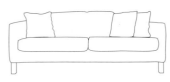 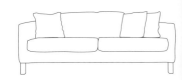

学习思考

1、短调的配色特点是什么？

_____

2、中调的配色特点是什么？

_____

3、长调的配色特点是什么？

_____

学习作业3

1、用彩色铅笔画出色相环。

2、用彩色铅笔画出明度尺以及对应的色彩。

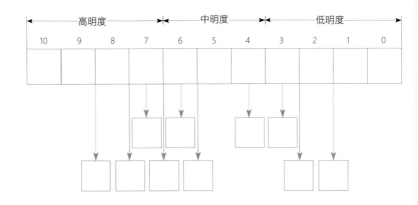

3、尝试用彩色铅笔完成下面九组明度结构的配色方案。

高短调配色

中短调配色

高中调配色

高长调配色

中中调配色

中长调配色

低中调配色

低长调配色

低短调配色

自由创作配色

学习思考

1、稳重型的配色有哪些特点？

2、前进型配色有哪些特点？

3、轻柔型配色有哪些特点？

4、暗沉型配色有哪些特点？

5、复合型配色有哪些特点？

学习作业4

尝试用彩色铅笔完下面三组配色方案，根据配色目的可以加入无彩色。

稳重型配色：墙面色彩浅，地面色彩深，家具色彩中

稳重型配色：墙面色彩浅，地面色彩深，家具色彩深

稳重型配色：墙面色彩浅，地面色彩中，家具色彩深

前进型配色：墙面色彩中，地面色彩浅，家具色彩深

轻柔型配色：墙面色彩白，地面色彩浅，家具色彩浅

暗沉型配色：墙面色彩中，顶面色彩深，地面色彩深，家具色彩深

复合型配色：墙面色彩中，地面色彩中，家具色彩深

学习思考

1、橙色分别加入黑、白、灰以后，其色调倾向会发生怎样的改变？

2、色调可以分为哪些区域？

3、写出各色调的名称？

学习作业5

1、用彩色铅笔画出红色色调。

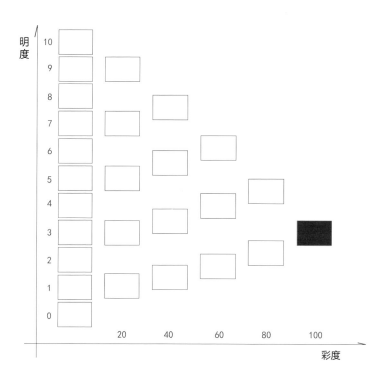

2、用彩色铅笔画出鲜、清、浊、浓的配色。

鲜艳色调配色 □ □ □

清亮色调配色 □ □ □

暗浊色调配色 □ □ □

浓郁色调配色 □ □ □

学习思考

1、请说出色相环中暖色、冷色、中温色家族的名称？

_____

2、分别说出冷、暖色家族加入黑、白色后的冷暖倾向。

_____

3、哪些温度的色彩组合更容易统调？

_____

4、哪些温度的色彩组合更容易对抗？

_____

学习作业6

1、请用笔勾画出色相环中冷、暖、中温色区间。

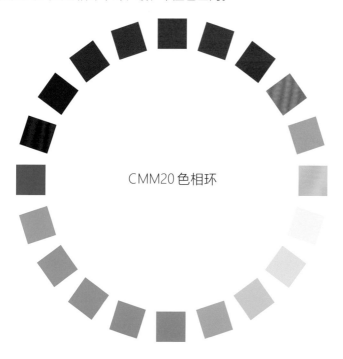

CMM20 色相环

2、用彩色铅笔画出温度接近的配色，只画家具。

3、用彩色铅笔画出温度对抗的配色，只画家具。

学习思考

1、什么是黄金比例？

_____

2、配色时一般按怎样的比例来搭配，比如两个、三个、四个、六个色相该
   如何分配它们的面积？

_____

3、各色相的面积大、小对空间的表现有怎样的影响？

_____

学习作业7

1、用彩色铅笔画出红+蓝的设计方案。

2、用彩色铅笔画出红+绿+黄的设计方案。

3、用彩色铅笔画出红+绿+黄+紫的设计方案。

1、在配色时空间要分几层，分别是哪些？

_____

_____

2、空间的角色有哪些?在实际应中有哪些技巧？

_____

_____

_____

_____

_____

_____

_____

学习作业8

1、用彩铅笔画出下面的配色方案。

什么样色背景色让空间刺激、饱满？　　什么样色背景色让空间温润、平和？

2、用线连出右边各角色的位置。

背景色

主角色

配角色

点缀色

点亮色

3、画出两个主角色聚焦的方案。

4、画出配角色的搭配方案。

5、画出高彩度的点缀色方案。

6、画出低彩度的点缀色方案。

1、色相同频思维的目的是什么？

2、空间层次同频的方法有哪些？

3、请列出统调公式。

4、统调有哪些方法和种类？

5、色外同频的方法有哪些？

学习作业9

1、尝试用彩色铅笔画出色相同频的方案，可以考虑用鲜、浊、清、浓色调。

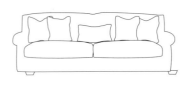 

2、画出一种色相+无彩色的同频点法配色方案。

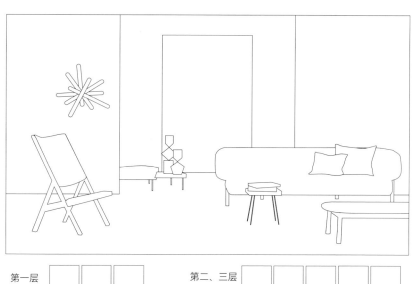

第一层 ☐ ☐ ☐　　　第二、三层 ☐ ☐ ☐ ☐ ☐

3、画出双色相点法+线法+无彩色的配色方案。

第一层 ☐ ☐ ☐　　　第二、三层 ☐ ☐ ☐ ☐ ☐

4、画出双色相线法+无彩色的同频配色方案。

第一层 □□□   第二、三层 □□□□□

5、画出双色相点法+无彩色的配色方案。

第一层 □□□   第二、三层 □□□□□

6、画出多色相点法+无彩色的同频配色方案。

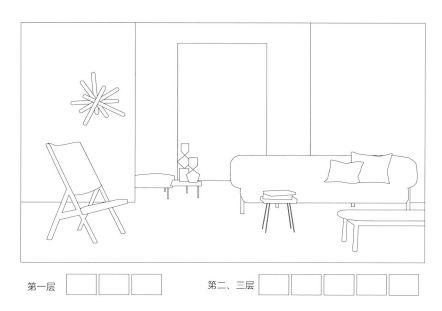

第一层 ☐ ☐ ☐　　　　第二、三层 ☐ ☐ ☐ ☐ ☐

7、原空间第一层是冷感配色，画出第二、三层冷感色调+无彩色的配色方案。

第一层 ▨ ▨ ▨　　　　第二、三层 ☐ ☐ ☐ ☐ ☐

学习思考

呼应讲的是什么？都有哪些种类？有哪些特点？

_____

_____

_____

_____

_____

学习作业10

尝试用彩色铅笔画出与主角色呼应的同色相设计方案。

平衡法则讲的是什么？都有哪些种类？特点是什么？

_____

_____

_____

_____

_____

学习作业11

用彩铅笔画出无彩色对红、绿高彩色对决的平衡设计方案。

1.常用色平衡：红、橙配色

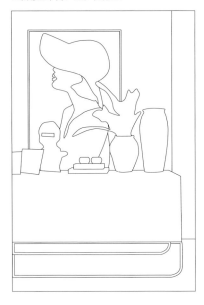

2.冷暖平衡：蓝、橙配色

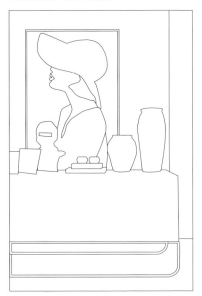

3.轻重平衡：黄、紫、蓝配色

4.面积平衡：蓝、橙、红、绿配色

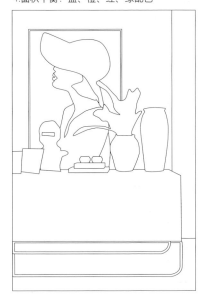

学习思考

1、突显的目的是什么？

_____

_____

2、突显有哪些类型？

_____

_____

3、突显有哪些结构层？你是怎样理解的？

_____

_____

学习作业12

用彩色铅笔画出紫色方块的突显方案。

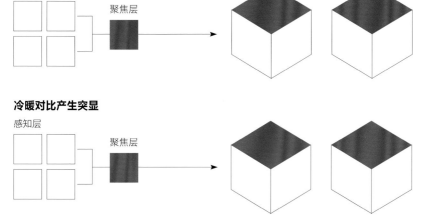

彩度对比产生突显

感知层   聚焦层

冷暖对比产生突显

感知层   聚焦层

补色对比产生突显

感知层

聚焦层

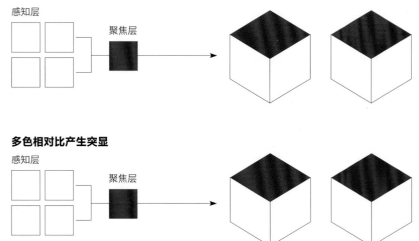

多色相对比产生突显

感知层

聚焦层

让沙发产生突显聚焦感的配色方案

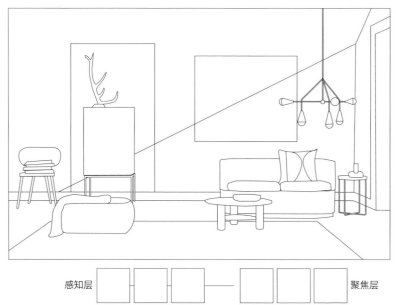

感知层　　　　　　　　　　　　　　　　　　　　聚焦层

1、色块对比有哪些特点？请列举出三组加以说明。

_____

_____

2、影响空间大小的因素有哪些？

_____

_____

_____

学习作业13

用彩色铅笔画出改变空间大小的方法。

用色彩明度让视觉空间变小（方案一）　　　用色彩明度让视觉空间变小（方案二）

用色彩彩度让视觉空间变小（方案一）

用色彩彩度让视觉空间变小（方案二）

用互补色让视觉空间变小（方案一）

用互补色让视觉空间变小（方案二）

第三章

学习思考

1、无彩色搭配有哪些方法?

2、单色相配色有哪些特点?

3、撞色搭配有哪些功能?

4、分别说出多彩相搭配的特点。

学习作业14

用彩色铅笔画出下面的配色。

无彩色配色

自家配组合

邻里配组合

远亲配组合

撞色配组合

三原色组合

四色相组合

五色相组合

六色相组合

合理的蓝、橙色搭配组合

1、画出下面无彩色的搭配方法，冷的倾向。

2、画出下面无彩色的搭配方法，暖的倾向。

3、画出下面单色相的搭配方法。

4、画出下面邻里配的搭配方法。

5、画出下面远亲配的搭配方法。

6、画出下面撞色配的搭配方法。

7、画出下面三色相的搭配方法。

8、画出下面四色相的搭配方法。

9、画出下面五色相的搭配方案。

10、画出下面全色相的搭配方案。

给自己或家人、朋友做一次色彩测试，并按九宫印象分组。

喜好色

A.

b.

c.

讨厌色

根据喜好色用彩色铅笔画出两组配色方案。

用一句话写出九个印象对应的信息层语言。

自在型:

轻柔型:

清爽型:

强劲型:

温和型:

安静型:

浓郁型:

稳重型:

安定型:

学习作业16

用彩色铅笔画出下面的配色方案。

自在型配色

轻柔型配色

安定型配色

清爽型配色 □ □ □ □ □

强劲型配色 □ □ □ □ □

温和型配色

安静型配色

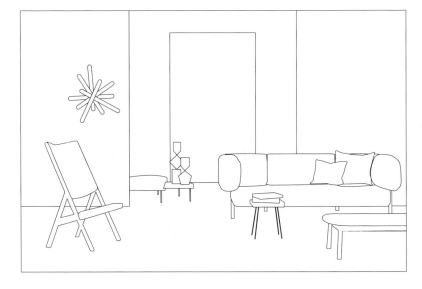

浓郁型配色

稳重型配色

请写出下面与九宫格各区间匹配的家具、纹样、材质、形状的特点。

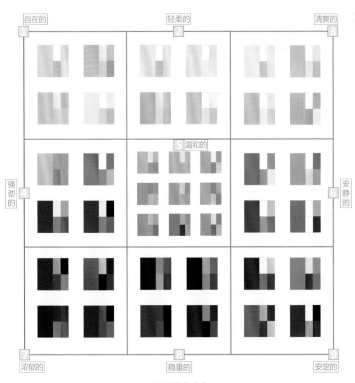

九宫印象坐标

填出下表色彩对生理的影响对照表

色名	色彩	分泌的物质	刺激的部位	作用	效果
洋红					
红色					
红橙色					
橙色					
黄色					
黄绿色					
绿色					
青色					
蓝色					
紫色					
白色					
黑色					

1M/洋红	洋红色 M-G C0M100Y0K20	梅红色 M-M C0M70Y0K25	桃色 M-D C0M70Y0K0	荷花色 M-F C0M50Y0K0	紫薇花色 M-C C0M30Y0K0	浅粉莲花 M-L C0M15Y0K0	薄雾兰 C0M15
3R/红色	中国红 R-G C0M100Y100K20	妃色 R-M C0M70Y35K25	银红色 R-D C0M70Y35K0	嫣红色 R-F C0M50Y25K0	十样锦 R-C C0M30Y15K0	肉粉色 R-L C0M15Y7.5K0	甘石粉 C0M15
5O/橙色	橘黄色 O-G C0M50Y100K10	柿橙色 O-M C0M35Y70K25	柘zhe木黄 O-D C0M35Y70K	杏色 O-F C0M25Y50K0	奶油香橙 O-C C0M15Y30K0	白茶色 O-L C0M7.5Y15K0	大理石 C0M7.
7Y/黄色	金黄色 Y-G C0M0Y100K10	蛋黄色 Y-M C0M0Y70K25	帝王黄 Y-D C0M0Y70K5	缃色 Y-F C0M0Y50K0	金凤花色 Y-C C0M0Y30K0	奶黄色 Y-L C0M0Y15K0	立德粉 C0M0Y
9YG/黄绿	嫩草色 YG-G C50M0Y100K20	豆绿 YG-M C35M0Y70K25	柳绿色 YG-D C35M0Y70K0	豆绿色 YG-F C25M0Y50K0	艾绿色 YG-C C15M0Y30K0	清风绿 YG-L C7.5M0Y15K0	素色 YG C7.5M0
11G/绿	孔雀绿 G-G C100M0Y100K20	中绿 G-M C70M0Y70K25	巴黎绿 G-D C70M0Y70K0	果糖绿 G-F C50M0Y50K0	石绿 G-C C30M0Y30K0	平静绿 G-L C15M0Y15K0	密瓷绿 C15M0
13BG/蓝绿	翠绿色 BG-G C100M0Y50K20	碧色 BG-M C70M0Y35K25	松石蓝 BG-D C70M0Y35K0	青绿色 BG-F C50M0Y25K0	水蓝色 BG-C C30M0Y15K0	清溪蓝 BG-L C15M0Y7.5K0	娜伊亚 C15M0Y
15C/青色	天蓝色 C-G C100M0Y0K20	湛蓝色 C-M C70M0Y0K25	蔚蓝色 C-D C70M0Y0K0	天青色 C-F C50M0Y0K0	湖蓝色 C-C C30M0Y0K0	月白色 C-L C15M0Y0K0	雾色 C C15M0
17B/蓝色	普蓝 B-G C90M90Y0K20	赛船蓝 B-M C70M50Y0K25	自由蓝 B-D C70M50Y0K0	浪漫蓝 B-F C50M30Y0K0	月色蓝 B-C C30M15Y0K0	优雅蓝 B-L C15M7.5Y0K0	阴霾蓝 C15M7
19P/紫色	紫罗兰 P-G C50M100Y0K20	激情粉 P-M C35M70Y0K25	靓丽粉 P-D C35M70Y0K0	桃色 P-F C25M50Y0K0	海索草 P-C C15M30Y0K0	清香粉 P-L C7.5M15Y0K0	木槿丁 C7.5M
无彩色	黑色 N-0 C0M0Y0K100	墨黑 N-1 C0M0Y0K90	深灰色 N-2 C0M0Y0K80	柴火灰 N-3 C0M0Y0K70	中灰色 N-4 C0M0Y0K50	银鼠灰 N-5 C0M0Y0K60	水泥灰 C0M0

色 M-B 20Y0K50	甘薯紫 M-S C0M30Y0K70	丁香花 M-MD C0M30Y0K25	天芥菜紫 M-T C0M50Y0K50	奇幻紫 M-TK C0M100Y0K40	香水草 M-H C0M100Y0K60	绛紫 M-SD C0M100Y0K80
色 R-B 20Y10K50	缃色 R-S C0M30Y15K70	兰花色 R-MD C0M30Y15K25	釉红 R-T C0M50Y25K50	丹红 R-TK C0M100Y100K40	殷红 R-H C0M100Y100K60	酒红 R-SD C0M100Y100K80
O-B 0Y20K50	陶器棕 O-S C0M15Y30K70	深米色 O-MD C0M15Y30K25	巧克力奶昔 O-T C0M25Y50K50	金盏花橙 O-TK C0M50Y100K40	黄土棕 O-H C0M50Y100K60	赤土棕 O-SD C0M50Y100K80
灰 Y-B 0Y20K50	猎人卡其 Y-S C0M0Y30K70	蜡黄 Y-MD C0M0Y30K25	旧卡其 Y-T C0M0Y50K50	金箔黄 Y-TK C0M0Y100K40	复古橄榄绿 Y-H C0M0Y100K60	秋色 Y-SD C0M0Y100K80
绿 YG-B 0Y20K50	鲁本斯绿 YG-S C15M0Y30K70	水苏绿 YG-MD C15M0Y30K25	侏罗纪绿 YG-T C25M0Y50K50	绿光色 YG-TK C50M0Y100K40	草坪绿 YG-H C50M0Y100K60	老绿 YG-SD C50M0Y100K80
森林 G-B 0Y20K50	高地绿 G-S C30M0Y30K70	青瓷绿 G-MD C30M0Y30K25	隆达绿 G-T C50M0Y50K50	孔雀石绿 G-TK C100M0Y100K40	薄荷 G-H C100M0Y100K60	墨绿 G-SD C100M0Y100K80
青华绿 BG-B 0Y10K50	倒影绿 BG-S C30M0Y15K70	美人鱼蓝 BG-MD C30M0Y15K25	海绿 BG-T C50M0Y25K50	生命绿 BG-TK C100M0Y50K40	几内亚绿 BG-H C100M0Y50K60	幽深绿 BG-SD C100M0Y50K80
色 C-B 0Y0K50	绒蓝 C-S C30M0Y0K70	水影蓝 C-MD C30M0Y0K25	萨克斯蓝 C-T C50M0Y0K50	石青 C-TK C100M0Y0K40	钴蓝 C-H C100M0Y0K60	海蓝 C-SD C100M0Y0K80
珠 B-B 15Y0K50	月夜靛蓝 B-S C30M15Y0K70	无声蓝 B-MD C30M15Y0K25	蓝莓紫 B-T C50M40Y0K50	绀青 B-TK C100M100Y0K40	深邃蓝 B-H C100M100Y0K60	午夜蓝 B-SD C100M100Y0K80
香 P-B 20Y0K50	葡萄紫 P-S C15M30Y0K70	卡特米兰 P-MD C15M30Y0K25	李子紫 P-T C25M50Y0K50	爵士紫 P-TK C50M100Y0K40	魔力紫 P-H C50M100Y0K60	藏黑蓝 P-SD C50M100Y0K80
色 N-7 Y0K30	浅灰色 N-8 C0M0Y0K20	雪灰色 N-9 C0M0Y0K10	瓷白色 N-10 C0M0Y0K0			

致图片所有者：
本书设计案例部分引用了一些
国内外设计师作品，由于资料
信息不全，部分作品无法联系
到实际作者，在此表示真诚歉
意，如读者对书中作品有异议，
请及时与本编辑部联系。